一次重大的选择往往能改变一个人的命运。

不懂选择的努力，终究是一场徒劳无功！

霁色◎著

选择不对，努力白费

華文出版社
SINO-CULTURE PRESS

图书在版编目（CIP）数据

选择不对，努力白费 / 雾色著. -- 北京 : 华文出版社,
2019.9

ISBN 978-7-5075-5152-5

Ⅰ. ①选… Ⅱ. ①雾… Ⅲ. ①人生哲学—通俗读物Ⅳ.
①B821-49

中国版本图书馆CIP数据核字（2019）第152340号

选择不对，努力白费

XUANZE BU DUI，NULI BAIFEI

著　　者：雾　色
出版策划：范勇毅
责任编辑：魏姗姗
出版发行：华文出版社
社　　址：北京市西城区广外大街305号8区2号楼
邮政编码：100055
网　　址：http://www.hwcbs.com.cn
电　　话：总 编 室 010-58336239　　发 行 部 010-58336267　58336238
　　　　　责任编辑 010-58336195
经　　销：新华书店
印　　刷：北京柯蓝博泰印务有限公司
开　　本：880 × 1280　1/32
印　　张：6.5
字　　数：133千字
版　　次：2019年9月第1版
印　　次：2019年9月第1次印刷
书　　号：ISBN 978-7-5075-5152-5
定　　价：38.00元

序

Preface

选择比努力更重要

任何时候你都该明白，选择甚至比努力更重要。

现实是残酷的，理想是遥远的。我们不能因为残酷就放弃自己的梦想，也不能因为懦弱就屈服于生活的威势，更不能因为不作为就沉沦于平凡的人生。哪怕是注定失败的未来，我们也要铭刻上自己曾经来过的痕迹，用心去生活，才不会在将来的日子里后悔今天的一切。

而走出的每一步，你都会发现是自己的选择在决定将来的道路。毫无疑问，学会做选择，你才能掌控好自己的人生。

有些人不懂选择，只会努力。所以，他们才更容易走上一条错误的、曲折的路，在这条路上奋斗向前，付出越多，就越难回头。等到人生过半才发现，自己的选择错了，所以后面的一切努力都打了折扣，这条路比别人走得艰难许多。这样的状态，是你想要的吗？

当然不是。所以，我们得学会选择。选择不对，努力都是白费的。

你总会站在这样或那样的选择关口：是在迷茫中度过人生，还是在挫折里奋起直追？是在撕扯中顾全他人，还是永远坚定地走自己的道路？是走一条更难的向上之路，还是享受温馨平凡日子里的小确幸？

无论你如何决定，始终要记得，这是你自己的人生。别人无法替你品尝那些喜怒哀乐，只有自己的选择才会决定自己的未来。所以，将你的人生当作一场没有终点的旅行、一条没有尽头的拼搏之路，确定方向，整装出发，你的生活就可以不再迷茫。做一个目标明确的人，并学会去为自己的目标努力，就终将会迎来实现它的一天。

在这个过程中，一定要学会用选择来平衡你的工作与生活、理性和感性。当你不断前行，必然会背负来自社会和工作上的压力，逆流而上是那么辛苦，但你需知道，此刻的付出换来的是将来的收获，一予一取，皆是定数；当你不断前行，奋斗的忙碌可能会让你忽略亲情与友情，如何掌握其中的平衡点，做到真正实现人生角度的充实和圆满，就是考验你选择能力的时候了；当你不断前行，你会面临越来越多陌生的抉择和风险，提升自己的承担能力，让自己成为一个有责任感的社会人士，是你必须达到的目标；当你不断前行，你需要远行去见识更广阔的世界，也需要回归故乡获得休憩的时机，而选择了哪一条路都好，只要坚定走下去……

记住，选择是一切的开始，是你努力的第一步。若是选择错了，后面的一切就都错了，努力也容易错付。

我们总离不开选择，而你的每一次选择，对人生和未来都有着至关重要的影响力。选择一条更好的路，你可以将每一天过得更好。

目录

Contents

第1章
选对了，才能提升你的生活质量

第2章
拼命工作，还是认真生活？

contents

第3章
依赖别人，不如活得让人依赖

第4章
抓住机会，才不会让努力白费

第5章

珍惜才能拥有，感恩才能幸福

第6章

择一人，做一事，即可终老

contents

第7章
优雅，就是始终不忘诗和远方

第8章
随缘便是自在，安心即是归处

第1章

选对了，才能提升你的生活质量

选择不对，努力白费

选择，这件事我们每天都在做，却总有人做不好。很多人喜欢把选择恐惧症挂在嘴边，遇到任何事情都不愿意主动做出决定，把选择困难当作逃避责任的借口。

扪心自问，我们在面对某些选择时犹豫，真的是因为不知道正确选项吗？可能只是不愿面对、不敢承担选择带来的后果，所以我们迟疑，站在人生的十字路口，我们不知道该选择哪一条路继续行走；所以我们害怕，害怕做出错误的选择，害怕自己的选择会给未来带来负担和挑战。

别怕，坚定你的选择，不论未来如何，只有先迈出这一步，不去犹豫后悔，才有将来。坚定自己的选择，是提升生活质量的第一步。

别让将来的你，后悔今天一事无成

在如今这个几乎一日一变的时代，我们都是迷茫的求知者，永远站在选择的路口上，对生活的态度往往充满矛盾。

也许今天，你看到了成功人士筚路蓝缕又精彩绝伦的奋斗故事，就立刻产生巨大的激情，要焕发一次青春，开创自己的事业；然而，转头捧起一杯清茶，又会想起星云大师们所说的出世观念，心里的激情又立刻被浇熄了，只想着远离身外的无谓争夺，追求自己人生的真谛。

这样矛盾的观念，常常出现在每一个平凡的下午、每个夜深人静的晚上，让人变得摇摆不定。

其实，不管是要做入世的马云，还是要做出世的星云，只要听从自己的内心，都是一条合适的道路。最忌讳的，莫过于在摇摆不定中一事无成，没做成什么云，却成了在太阳下一晒就消失的朝露。等到人生的道路走了一半，最精彩的时光也几乎只剩个尾巴，再回首，发现自己这么多年真的没做过一件令自己、令他人印象深刻的事情，这才是最悲哀的。

前几年，大学时的老同学A突然回到了这座城市，跟几个老同学联系上了。大家一起吃饭，这才知道，他竟然辞职了。

那时，这个消息让大家震惊不已。谁都知道，A从大学毕业后考上公务员，就被分配到几百里外的一个小镇上，清闲地坐起了办公室，捧上了铁饭碗。当时，他可被同学们羡慕得够呛，别看远离了家乡，有这么个工作可就下半辈子不愁了啊！更别说，A这些年混得也还行，当上了科长。大家都以为，他肯定是要在那里扎根了。

谁知道，一直安稳工作的A，怎么就突然辞去了自己干了几年的工作呢？

A喝了口茶，笑了，说道："你们都以为我这样清闲是好事，我原本也这么觉得。工作稳定、家庭也算和睦，虽说待在一个鸟不拉屎的小镇上，单位里总共也没几个人，可是我大小也混成了个官。那里偏远，没什么蝇营狗苟、钩心斗角的事，活得实在是舒心。"

"对啊，更别说咱们年纪也不小了，你要是早几年辞了也没啥，现在辞了职是想干什么呢？"一个同学说出了大家的心里话。

A叹了口气，才说："没什么，就是突然悟了。"

那天不过是个普通的傍晚，A闲来无事，像平时一样沿着小镇唯一的铁轨散步。沉思中，A突然想起了自己的同学们。刚毕业那会儿，自己可是被大家羡慕了一通，现在呢？老同学有的早年辞职下海，如今混成了公司老总，有的一直勤恳工作，在单位里成了一把手。最重要的是，他们大多都留在了家乡、留在了交通发达的大城市，谁还像自己一样远离故土，憋屈在这么个小地方呢？这里连铁轨都只有一条，看了几年也厌烦了。

原本，A觉得争来斗去的生活实在是很累，为了一点虚名浮利，这样活一辈子太痛苦了。A告诉自己，他向往的是陶渊明般的“采菊东篱下”，这样平和的生活正是自己想要的。然而A突然发现，自己并不是不羡慕别人，不过是被关在这里太久，让他失去了往外看看的野心和勇气，更没有放弃稳定工作的决心，才找了这种借口安慰自己。

回首过去的几年，A竟然没有做过什么拿得出手的“大事”。事业上，不过是偶尔忙忙公务，大多数时间就是捧着茶在办公室看报、发呆；家庭上，一年到头也没带妻儿出去旅游过几次，偶尔回家乡看看爸妈，孩子都高兴得跟什么似的，因为她喜欢那里城市的热闹。当A回望自己的人生时，发现初出茅庐的锐气早就磋磨光了，当年的志向也化作灰烬，能记起的全都是生活中的琐事。

A恍然发现，自己的人生才过了一小半，却如同眼前的夕阳一样，眼看就要迎来预料中的结局了。他问自己：“难道我最终要这样平凡地死去，让人连精彩的回忆都想不起来吗？”

这让A惶恐，突然很想再拼一拼。

于是他就辞职了，说起原因，不过是在夕阳下的铁轨边走了一遭而已。

“我知道，我不能再欺骗自己了。我想要更精彩的生活，至少不能一事无成，所以再也不能给自己找借口了。”A说。

大家伙都沉默了。

是啊，这几十年过来，谁又做了能让自己自豪的“大事”呢？不是每个人都能当马云、潘石屹，但是我们在平凡的人生里，也能够获得属于自己的成功。这种“成功”可以是多方面的，也许是事业上的辉煌，也许是家庭的幸福，可能是一次惊心动魄的旅行，也可能是心灵上的升华。总之，不管是出世还是入世，都得做出些成果才行。如果活了大半辈子，还是只能用“一事无成”来评价自己，那也别欺骗自己了，你不是不争，是根本争不过！

于是，A决定要再“争”一把，不是为了功名利禄，哪怕失败也不要紧，只是为了让自己的人生不留遗憾，能留下一些不一样的东西。每天忙着自己的小生意，反而让他焕发了青春，变得更有精神。曾经的沉沉暮气，在A身上早已找不到了。

三年过去，A的餐饮店开了几家分店，在当地也小有名气。虽然离成功人士可能还有些差距，但是他已经非常满足了。因为A知道，这些店就是他摆脱“一事无成”的证明，他的人生，终于走向了不一样的结局。

连提倡出世修行的星云大师，也曾说过“人生最大的悲哀，是自己对前途没有希望；人生最坏的习惯，是自己对工作没有计划”，可见星云大师虽然主张心灵的超脱与修行，却并不鼓励别人龟缩在自己的壳里，用超脱、看穿来掩盖自己的失败与无望。超然物外，也得心甘情愿才行，要是心不甘、情不愿，却非要用一句“我不在乎功名利禄”来掩盖，只能是“吃不着葡萄说葡萄酸”。

我们活着的时候，最怕的就是一事无成。这“事”并非一定是事业，哪怕你只是爱旅行，若是攀过喜马拉雅的高山、踏过西伯利亚的雪原，也是一种令人钦佩的成功。最让人悲哀的是，你的人生中连这样的时刻都没有。

所以，不管选择怎样的道路，千万别在不同的方向之间犹豫，摇摆不定只能让时间流逝，决心去做才是最佳选择。做一件让自己不后悔的事，人生才不算白白来过。

坚持走下去，你的人生才会改变

佛曰：千灯万盏，不如心灯一盏。行走于这茫茫尘世，我们会遇见各色人等，他们就像人生路上一簇一簇的光影，明亮或是闪烁，陪我们走过长长短短的一段路程。他们与我们相遇，产生交集，运气好时遇到良人一二，给我们指点迷津，照亮我们前行的路。可是人这一生，短暂却也漫长，再多的人为你指点迷津，给你指出无数前进的方向，未来的路终究还是要靠自己一步一步走完。

“还记得年少时的梦吗，像朵永不凋零的花。”李宗盛一曲唱出了多少人的心声。忙碌的一天结束，带着月色回到家中的你，看着万家灯火阑珊，还能想起自己年少时那个瑰丽美妙的梦想吗？现在的你在做什么？现在的你是否做着自己喜爱的工作？现在的你过得好吗？

你本计划考研，想在自己喜爱的领域走得更高更远，奈何父母希望你早早安定下来过上朝九晚五、柴米油盐的安稳人生，你只得参加公务员考试，做着爸妈花了好几万买来的在高速公路闸口收费的工作；你希望所爱之人可以在精神层面与你共鸣，寻寻觅觅却始终难遇知音，年纪渐长，参加了太多次婚礼的你终于妥协，通过相亲结识了一位条件相当、适合结婚的对象，领证、拍照、婚礼，简简单单一套流程，完成人生最重要的几件事之一。真的是爱吗，看着昏黄床头灯下另一半熟睡的侧颜，你说这也算是爱吧；大学毕业进入社会，急于在城市立足的你，向各式各样的公司投发简历，最终做起了自己从来没接触过的工作。厌烦、抗拒的情绪慢慢产生，你也曾想过跳槽，想过去做自己真正喜爱的事情。可是就如温水煮青蛙一般，你安于好不容易适应的现状，早已忘记什么是挣脱，最终一切的不忿与不甘被生活的琐碎掩埋，变成了机械式的日复一日的生活……

妥协是一瞬间的事情，坚持却是日久天长的考验。想考研但是家里不支持，为何不选择自己兼职，挣钱买教材，报名考试呢？想找到自己真正的灵魂伴侣，就不要畏惧周围的流言蜚语，你的那个他（她）终有一天会穿过风霜雨雪、披星戴月来到你身边；比起毫无追求的平淡一生，最幸福的事情莫过于工作与热爱结合，对生活留一份执念，别轻易放纵自己随波逐流，别放弃对品质更好的生活的追求。

第一次遇见小张时，他不过二十出头，跟在设计师身后与对方公司协商室内装修方案，满脸的认真谨慎和憨憨的笑容。应该是刚入行不久的孩子，对主设计师倒是恭敬得很，一口一个师傅，跑前跑后地张罗。我总是对这样的年轻人充满好奇，在几次见面中有意与他多聊了几句。

小张高中毕业便出来闯荡，干过服务员、推销员，做过保安也发过传单，最困难时曾去工地搬砖卖苦力。正是在工地干活的那段时间，他认识了几个会看图纸的工头。他知道有技能傍身总好过四处打零工，漂泊终究不是长久之计，便跟着工头学起了识图。慢慢地，他从最底层的杂工，变成了班长，又混到了工头的副手。三四年过去，小张的大部分同学大学毕业，他靠着工地积攒的经验和朋友的帮助，被介绍到现在的设计公司做设计师实习助理。

与其说是收徒，不如说是收留。小张特别感激现在的师傅愿意带他，教他手艺。公司的大部分员工都是科班出身，基础好、能力强，小张的基本知识和业务技能都不强，在公司，除了做设计师助理，还要负责整个室内设计部门的文印打杂工作。

以小张的学历水平，能在这样的公司工作，肯定付出了太多努力，二十出头的年纪未来还是一片迷茫。

几年后，公司拓展业务，新增办公地点装修，再次与那家设计公司合作，我意外地见到了独自前来沟通设计方案的小张。彼时的他是一个穿着牛仔裤卫衣、背双肩包的实习生，如今的他衣着得体，脸上是自信的微笑。我惊讶于他的变化，利用工作间隙与他到咖啡馆一叙。

非工作状态时的他，流露出些许当年的憨笑，拘谨地喝了几口咖啡说：“我现在是可以独立承接项目的设计师了。”

从月薪一千元到一万元，小张用了五年的时间。这些年来，他用尽全身力气，跟着师傅学做设计，利用周末自学设计软件，只要有零散时间就会去各个论坛网站浏览世界知名设计师的设计方案以提高艺术审美。先是模仿案例不停地画图、设计，有了技术便开始帮师傅改图，慢慢地，他可以根据师傅讲述的设计理念，将一个个设计理念实现在图纸上了。小小的进步，对小张也是巨大的鼓励，但是他并没有满足，更加拼命地工作，如此坚持换来的是设计能力和客户的认可。因为自己基础差，出图出设计的效率低，小张便以良好的沟通态度弥补，渐渐地也打出了自己的一片天地。虽然月薪在设计师行业中不及大牛们一次外快的零头，但对小张来说已经是翻天覆地的改变了。

这一次我相信，小张的未来不再是不可知的迷茫与晦暗，因为他的心里总燃着一盏火光旺盛的灯，他的坚持、他的执念，定会让他的路越走越宽，生活越来越好。成为大家或许需要天赋，但是小张身上却闪烁着平凡人生中积极向上的璀璨光芒。

成功需要机遇，但执念会让你得到它。开始的路往往最难走，因为没有任何牵绊、没有深入其中的你毫无顾虑，最容易放弃。就像心里的那盏灯，如果我们自身不够坚定，哪怕是一阵微风都会扰动它的光亮，但是只要秉持心中的执念，我们都能得到比想象中更惊喜的收获。任何人都可以定义成功，是功成名就也好，是安身立命、成家立业也罢，哪怕只是找到一份满意的工作，也都是因你的坚持而弥足珍贵。前行的路上有很多因素会阻断你的坚持，假如生活欺骗了你，忧郁低沉的时候仍需镇定。生活的一切晦暗都只是瞬息，逆风时也要燃着你心里的那盏灯，别让它熄灭。待风雨平息，待阴云散去，我们仍要整理行囊继续出发。

站在人生的十字路口，不要犹豫你的方向

我们的人生总是在一次又一次的选择中度过的。这些选择有的非常重大，可能涉及人生的方向，比如很多人这一生遇到的第一个重要的选择——高考填报志愿。这时的你是谨慎的，或许也是紧张与迷茫的。而有些时候，选择却又是简单而不起眼的，例如今天订外卖吃什么。这时的你可能苦恼的只是怎样在刚刚好的起送价格内搭配最合适的套餐。

然而这些重大的选择，真的会完全影响你的一生吗？又或许，

一次简单的午餐选择不会对你有任何影响吗？也许高考志愿决定了你二十几岁在做什么，但它不会束缚你的未来，因为有那么多人毕业后从事的是与大学专业完全不相关的工作。如果不喜欢自己所选择的专业，或者在生活中找到了自己真正想要做的事情，那就勇敢地做出改变，而不是自怨自艾，把时间浪费在悔恨与遗憾的自责中。那些看似不经意的选择，也请不要随意对待，因为你的一个小小的决定也可能带来严重的后果。比如你为了省钱，选择了一家格外便宜的外卖，结果因为食品不卫生，导致肠胃感冒，吃药打针加上误工费，反倒损失了一大笔钱财。

选择，挑选，然后抉择。这件事我们每天都在做，有些人却做不好。很多人喜欢把选择恐惧症挂在嘴边，遇到任何事情都不愿意主动做出决定，把选择困难当作逃避责任的借口。仔细想一想，扪心自问，我们在面对某些选择时，真的是因为不知道正确选项吗？可能只是不愿面对，不敢承担选择带来的后果。所以我们迟疑，犹豫。站在人生的十字路口，我们不知道该选择哪一条路继续行走。因为我们害怕，我们害怕做出错误的选择，害怕自己的选择会给未来带来负担和挑战。相应的，那些面对选择总是能快速做出决定的人，往往是敢于面对生活的挑战，敢于创新和拼搏的人。因为面对未知，他们从不会惧怕，前路漫漫，哪里有时间给你犹豫和迟疑呢。

章章是一个特别有闯劲而又十分独立的女生，大学毕业后只身一人从北方小城南下闯荡，和几个大学同学合租，八个人挤在三室一厅的小房间里度日。做的工作也是和大学学习的财经完全不同的行政专业，每天挤一个小时地铁上班，工作近十小时，再一个人坐空荡荡的晚班地铁回家。每年只有过年时，连着休年假可以回家陪陪父母。

周围的朋友都很佩服章章，小小的身体里怎么会有那么大的能量。而大家最好奇的还是，她是怎么有勇气做出了去上海工作的决定，而她甚至在此之前从来没有去过这个城市。更何况，她的大学同学大部分选择了考公务员或者去企业当一个小小的会计。

当然嫉妒她的人也不少，因为距离遥远，章章总是缺席同学聚会，渐渐地关于她的讨论不再是单纯的崇拜与祝福。结了婚的同学会说，她浪费青春成了老女人，只有事业没有家庭。考上公务员的同学会说，她工作不稳定，每天还要为温饱考虑，拼到最后也买不起上海的一间房……

远在上海的章章，从没有因为这些讨论而停止自己前进的步伐。最近的她，跳槽去了一家新的公司，虽说工作依然很累，但是薪资待遇是原先的两倍，老板也十分看重她，经常带她参加各种大型会议，给她创造学习的机会。

章章不是超人，她也会疲倦，会沮丧。在某个加班到深夜的夜晚，她拖着疲惫的身体回到家中，室友早已入眠。她低头看看自己被高跟鞋折磨了一天而肿胀的双脚，也会萌生辞职的想法。想家，想念父母，但是她从没有后悔自己当初的选择。

大学毕业时，因为与外教导师交好，她得到了一个去上海工作的机会。那时的她也是惶恐而又迷茫的，父母、朋友身边每个人的意见都不同，她不知该如何选择。但是她没有犹豫太久，还是做出了决定。因为她抓紧了自己心中最最重要的一个念头：提升自己，离开这里去往更广阔的地方，看看更加广阔的世界。其他的一切，都是次要问题，都可以先放在一边，搁置起来，有时间再解决。

路都是自己走的，生命中遇到的每个人，都只是过客，只能陪我们走过有限的路程。所以不要总是在意他人的意见与眼光，重要的是自己想要什么，自己想做什么。

章章说，刚去上海的时候，一切都是新鲜的，她接触到了太多前沿的、新潮的思想。最先改变的是自己的价值观，慢慢地，人生观也有了改变。在那之后，她做的每一次决定，都越来越自信与坚定。

最近一次交谈，章章告诉了我她跳槽的过程。这一次做决定，她只花了半天的时间。因为她知道自己想要的是什么。所以在拿到录用通知后，她只与老板讨论了薪资待遇与升职学习的条件，便欣然接受了新的工作。我问她，换到全新的外企，不会担心适应不了其文化氛围吗？不担心自己的英语水平难以与外籍员工交流吗？章章十分自信地回答：“这正是提高自己，不断学习的机会。”我继续问道，万一跳槽后你发现这家公司并没有了解的那么好，你会后悔吗？章章非常认真地回答：“我不会。因为我的人生还长，我还有修正它的机会。最可怕的不是选错了路，而是在错误的道路上停不下来。”

面对不同的选择项，有的人把各种困难因素看作是阻碍项与减分项，而有的人却看作是机遇和挑战。站在人生的十字路口，我们真的要给自己那么多的压力与束缚吗？答案当然是否定的。既然人生有那么多的方向，也代表了人生有那么多种可能。没有人天生就知道自己擅长什么，又会在哪个领域做出成绩，所以选择是尝试，也是筛选，能帮助自己在一次一次的转向中找到正确的道路。重要的是尽快做出你的选择，不要犹豫，努力向前。

考虑太多，顾虑太多，只会让你迷失自我。选错了方向又如何呢，常言道年轻不怕失败，不是因为不害怕失败，而是无畏失败的后果。当一切归零，我们也并非一无所有。带着收获的经验，重新面对选择，我们会更加自信从容，更加确定自己真正想要的是什么。

披荆斩棘地前行，是为了更好的明天

很多人的生活中，都有自己的“心理舒适区”。它往往是安逸的，舒服的，放松的。对于有些人而言，按照既定的模式，按部就班的生活是一件省心省力的事：早晨七点起床，八点吃早餐，九点上班，十二点午饭，六点下班。下班后去看一部电影，或者直接回家，周末的娱乐也无非是睡懒觉，约朋友聚餐，逛街、吃饭、打游戏。如果没有意外，你会这样直到退休，安安稳稳地过完这一生。

每一天都是同一天，当这一天结束，脑海中留下的尽是无用的搞笑段子，娱乐版块下的八卦新闻，和几张毫无意义的动图。思维仿佛生锈一般，失去独立思考的能力，你的态度、你的立场，完全跟着舆论导向变化，今天是正义使者的化身，明天是拆穿伪善者的真英雄。你安慰自己，平淡是真，小富即安，周围的人都是这样生活，这才是普通大众的生活。你不停地给自己洗脑，是社会发展太快，我已渐渐老去，折腾不动也失败不起，身后是家庭责任的牵绊，就这样过完一生也挺好。

如果有人质疑你，就会立刻遭到反驳。我天天打卡上班，做着明明厌烦却还在坚持的工作，我不够努力吗？我只是偶尔放纵自己，与朋友喝酒宿醉，心情不好时多买几件衣服，但第二天醒来依然是好丈夫、好儿子、好母亲、好女友，我不够自律吗？是啊，努力又自律的你，拖着麻木的灵魂，哀莫大于心死。

选择安逸固然没错，但是再努力一些，再拼搏几年，披荆斩棘的人生也是一种修行。

林达是一位单身母亲，如今已过不惑之年。三个孩子有两位不同的爸爸，目前都在国际学校念书。她看起来个子瘦瘦小小，皮肤黑黑的，单从外表看完全不会将她和日日穿梭在高级写字间、领导跨国公司在华所有员工的大老板联系起来。但曾和她面对面接触、交谈过的人，无不被她的自信和强大的人格魅力吸引。在上海这样寸土寸金的城市，一个女人凭一己之力带着三个孩子住在黄浦江边的高级别墅区，给他们提供着良好的教育机会，仿佛丝毫没有生活的重担。

这世间总是对女强人抱有敬畏、怀疑甚至不怀好意的揣测，这么多年林达早已习惯了周围人的评价，“家里面有钱有权”“两次离婚分了不少财产吧”，类似这样的流言已经十分友善，更加险恶的谣传她已经不想再回忆。而真实的她，只是一个普普通通的人。

林达出生在贫穷的山村，是被亲戚领养的女孩。那家人生活并不富裕，能供她上学读书已是万幸。为了走出大山，她拼命读书，勉强考取了一所三流大学。很多人从考上大学那一刻起，就以为万事大吉，任由自己沉溺，只想混个文凭，混个工作，混完这一生。而对林达而言，这是她第二次生命的开始。

为了学费、生活费，她做过无数兼职。有一次，她正在做超市导购推销产品，遇到一个外国顾客对她的产品感兴趣，她支支吾吾，一句完整的话都说不出来，只能用几个简单的单词介绍。这一次打击给了她学习的动力，学好英语是她大学时期唯一的目标。越努力越幸运，为了锻炼口语她报名参加英语演讲大赛，决赛时出色的表现得到了外教赏识。这位外教有心培养，林达跟着她做过很多翻译、同声传译的工作，并参与了各式讲座和英语交流活动。毕业时，她的英语能力得到很多企业的青睐，在老师的鼓励下，她来到上海打拼并认识了自己的第一任丈夫，公司里短暂调来跟项目的外籍工程师。

毕竟是没有亲人、年少时经历艰苦的年轻女孩。林达非常依赖那个男人，像是抓住救命稻草般，两人火速坠入爱河。男人工作结束回美国时，她毅然辞去工作离开家乡，两个人在美国结婚。而生活从来都喜爱捉弄本就坎坷的人生，林达在美国生下两个孩子，以为从此可以改变命运，安心做个家庭主妇，却遭遇感情危机，婚姻破裂。心灰意冷的她，带着两个孩子回到了中国。

说起这段婚姻，林达没有任何悲悯哀怨的神色："要不是那段经历，我可能现在就是个对丈夫充满怨言，两耳不闻窗外事，一心只管家务事的中年妇女了。"她玩笑道。回国之后，为了抚养年幼的孩子，她在工作之余还做着兼职，一周只有半天休息时间。"那段时间真的很痛苦，自己过得艰难，孩子也受尽委屈。我像个战士一样没日没夜地打拼，每天回到家中只想睡死过去。"那些年的经历，林达几乎不对人多说什么，个中滋味只有她自己明白。

再后来，她的职位越做越高，遇到了第二任丈夫，结婚又离婚，她终于明白，安逸舒适的生活不易，没有谁是谁永远的依靠，命运有时就是这么不讲理。"我曾一度以为，我这一生注定要自己一个人在凄风苦雨中修行了。"林达轻描淡写地说，"可是我还是幸运的。迫不得已被命运推着向前，我只好埋头前进，再回首时已到了如今的高度。"现在的林达，有着岁月赋予的淡定从容，却依然保持着努力拼搏的状态："我不敢停下脚步，安乐享受只会毁掉我逆行而上的力量。"

因为年轻时得到过许多帮助，现在林达每年都会资助几位大学生，希望通过自己微薄的力量帮助他人。她会嘱咐这些孩子："我给你们创造了机会，但是抓住它要靠你们自己。这世上哪有那么多天生富贵的人，大多是普通人一点一点努力的结果。永远不要感叹命运的不公，所有吃过的苦都是对人生的修炼。”

当满腔热血变得冰冷，当生活的激情被日复一日地随波逐流冲刷干净，初心已丢；当纯真的灵魂变得浑浊，当最初的理想被重重困境湮没，动力全无；没有了对抗逆境的勇气，没有了思想，只剩一具躯壳。

一边抱怨生活的无趣压力，一边艳羡那些多姿多彩的人生，何不尝试着逆流而上？谁不想过更好的生活，有更满意顺心的工作，体验更精彩的业余生活？人生如白驹过隙，匆匆几十年，再回首已是白发苍苍，若不抓紧机会，当你老了，守在炉火旁回顾这一生，才知道什么是乏味。生活从不会真的压垮你，是你自己放弃了自己，是自己选择了缴械投降、原地等待，等待被生活碾轧。负重前行固然艰难，但是收获时也必然丰沃美好。

也许你需要的，是难得糊涂

谁不想做个现实中的超脱者？

拥有一双能看穿世事的慧眼，既便于尘世之中踽踽前行，也不会被浮华蒙蔽双眼，能如菩提明镜般不惹尘埃。

然而，凡尘中的你我还是更需要一丝烟火气遮蔽双眼，若是看穿一切，人生也就没什么滋味了。

朋友中，明小姐就是个不食人间烟火的特殊存在。年轻时她是个爱读书的文艺女子，记得去她家中拜访，与明小姐在书房中饮茶闲聊，才得知她竟然已将整间屋子的书都熟读过，让人不由得佩服。

“腹有诗书气自华”，说的就是她这样的人，不论谈起什么，明小姐都能说出透彻的见解，仿佛一眼就看穿了世情似的。她总是不争不抢、不疾不徐地活着，让人羡慕不已。这倒让她显得更像朵高岭之花，让人望而却步。

私下里，几个好友都给她取了个外号，叫“姑姑”，意思是她像小龙女似的不食人间烟火。大家私下里说，不知道谁能摘到这朵鲜花。很多人都认为是件难事，因为明小姐在婚姻上看得很开，追求一切随缘，总是不愿将就着步入婚姻，也不知道什么时候才能等到她的缘分。

后来，朋友们陆续地成婚、生子，明小姐果然还是独自一人，等着她的“命中注定”。然而，也许是看着大家都成了婚，她心里也着急了，也许是等待中的孤独让她难以忍受，明小姐最终还是步入了婚姻的殿堂——与一个在旅行中认识的男人一起。

我问她，他是你的真命天子吗？明小姐笑了笑，没有说话。也许，她终究还是向生活妥协了。

如今与明小姐偶尔见面，也不过是聊聊家庭、说说工作，再秀一秀自己家的孩子，好像过去的年轻时光都掩埋在了柴米油盐里。

谁知道，坐在这边闲聊的女人们，也曾经拥有过热烈的青春，也曾过着诗一样的生活呢？

过去，也不是没人羡慕明小姐的，因为她似乎活在现实中的伊甸园里，按照自己的步伐慢慢前行，心里从来不放着那些不必要的烦扰，看得太清太透。然而如今，她似乎也成了“鱼眼珠子”，活得充满了烟火气，让大家既遗憾，又有些安心——原来，不只是自己变了。

明小姐听到这种话，也只是哂然一笑，说：“原先我以为自己看透了，其实我才是真的天真。生活哪会那么容易看穿？道理是这个道理，人却不能照着文字活着。”

她说，刚结婚生子的时候，她也觉得厌烦无比。每日围着灶台转，再围着孩子转，似乎没有一日不在发愁，人生最好的时光好像都耗在了这些无意义的琐事上。等孩子大些了，工作的时候亦如此，成日里都是应酬，一张张笑脸后面是互相利用，表面亲热之下是冷淡疏远，让她觉得“没意思”，只想早早地远离这一切。

工作这些年，她还是只有这几个朋友，因为她不愿为利益、为酒肉玩乐而交朋友，也不愿对不熟的人奉送自己的笑脸。被这样冷淡的犀利目光看着，谁也不愿自讨没趣，明小姐的职场人缘可以想象。虽然她看着并不介意，但是谁愿意就这么被无形中疏远着呢？可是要她去戴上面具，硬着头皮跟人亲亲热热，明小姐也是做不出来的。

我问，别人不都是这样过来的吗？的确如此，但是仔细想起来，大家也不都是心甘情愿的，都曾抱怨过生活的无奈，向往自在洒脱的生活。更不要说一贯因为活得自在而被我们羡慕的明小姐了，她更觉得自己好像生活在樊笼里一样。

明小姐也想过辞职，想着抛弃一切，不去关注奖金多少、工资涨幅，像过去一样背着行囊，在山水中修行。然而，她终究没能如此。

“为什么改了主意？”我问。

明小姐笑了，她说，在自己打算交辞职报告的时候，电话突然响了。这是一件特别小的小事，对方是孩子特长班的老师，通知她该交新一期的学费了。

就是这样一个电话，让她一下子放弃了自己的想法。她想，要是她辞了职，孩子的学费怎么办？丈夫一个人能供得起车、房，养得起孩子吗？

她突然明白，自己早就放不下了。

这样的年纪，谁不被柴米油盐牵绊着、为生活琐事烦恼着呢？不是什么东西都能轻易抛下，当我们长大了，便不能再像年轻的时候那样天真烂漫、充满理想主义了，每天为了生计奔波才是常态，更是摆脱不了的常理。

若是看穿一切，想着超脱俗世，就必须做好抛下家人、摒弃一切物质享受的准备，谁能这么干脆呢？明小姐说，过去是她在“超脱”上入了迷，反而忘了，“难得糊涂”才是人生的奥义所在。

由此可见，世上有些东西反而是不好轻易看穿的，若是一切都看穿了，恐怕也只有平添烦恼。要是还想在俗世中获得幸福，就一定要留一些余地，留一些神秘之处。

就像魔术一样，要是真看透了里头的窍门，魔术的价值也就剩不下多少了，因为我们早就失去了魔术揭开那一幕时激动的心境。只有看不透，才能沉浸其中，享受到快乐。

交友时，总有一些是知交挚友，一些是同道中人，一些是利益共同体，一些可能只是酒肉朋友。但是，这些朋友谁都不能缺少，不然就不是成熟之士应有的交际圈。曲高和寡，若是要求太高，把朋友都看得太清、分得太明白，非要将不纯粹的“朋友”剔除出去，反而容易成为孤家寡人。古人有言，“人至察则无徒”，就是让我们难得糊涂。

若是把事业看穿了，它定会成为最该早早放弃的东西。事业是什么？大多数人经营事业不是为了理想奔波，而是为了柴米油盐、为了钱权地位。这些不都是身外之物吗？然而却没有谁愿意将它们推出门外，反而蜂拥而上地争抢不休。要是看穿了事业，那就没了打拼的动机，人也会变得倦怠起来。最终，看穿反而会成为不上进的借口。

要是没有一件事能看穿，那你必是一个活得不够清楚明白、极其失败的人，因为你也看不透身边的小人、看不明白眼前的困境，极容易受到别人迷惑，被微不足道的小事困扰。但是，若要把每件事都看穿，那就是过分精明，反而应该被叫成“傻子”了。

看破不说破，早早地看清了结果，只不过是让自己失去了过程中的乐趣而已，生活也就变得没趣了。

看破不说破，心里明白就好。

第2章

拼命工作，还是认真生活？

在生活的天平上，找到平衡并不是一件容易的事。

工作跟闲暇时间需要平衡，要拼命地工作，也要认真地生活，既要在工作时间创造价值，又不能让工作侵占了自己的人生。有些人迷失了，在奋斗中忘记了自己还有“生活”的需求；有些人惰怠了，在享受生活的过程里放弃了上进心和奋斗精神。

找到这其中最完美的平衡，真的不容易。你的选择决定你的未来，你选择如何安排自己的人生，让工作与生活完美结合，直接决定你将塑造怎样的环境。希望你的人生，能找到最完美的平衡。

奔波的城市里，你我都是夜归人

诗中说“柴门闻犬吠，风雪夜归人”，朔风寒雪的夜晚，带着一身寒凉独自回家的屋主人被家中的狗儿认出，它远远地隔着柴门欢快地叫了起来。有天地万籁寂静的孤独，也有归家的温暖。多少个深夜，刚刚加班结束的你也曾独自一人穿过光怪陆离的城市霓虹，带着一身疲惫，找寻那一束安宁温暖的灯光。

现在生活节奏越来越快，办公手段越来越智能，工作压力却越来越大。为了生存，为了竞争，不知从何时起，加班成了都市人习以为常的状态。所有朝九晚五，按时按点上下班的工作，成了人人羡慕清闲而又简单的铁饭碗。

每周一到周六必须加班，周日选择性加班，不忙的时候每天七点下班，忙的时候凌晨一两点也不少见，每天的睡眠只有那么几个小时。更可怕的是无论怎么拼命工作，要做的事情总也不见少。或许你曾怀疑，加班的意义是什么？生活的意义是什么？难道生活中只剩下工作这一件事情了吗？

可你必须明白，不在有体力、有精力的这几年拼搏努力，你的人生也就如此了。

你说工作只是维持生存，生活的意义在于诗和远方，可惜的是没有一定的经济基础，你追求的远方也没有那么美妙。翻穷游攻略，抢廉价机票，住十几人一间的青旅，用手机拍一拍照片、小视频，在朋友圈秀个定位，就是你所谓的旅游。

你难以忍受工作的压力，只想共三两好友把酒话明天。而你们凑在一起，讨论最多的还是工作的不顺心和对生活的满腹牢骚，虽然，你想趁着容颜未老装扮自己，不愿把灵魂禁锢在死板的套装中，也喜欢早早结束工作后逛街的悠闲，但是你花费一整晚时间，在各大卖场徘徊，只为了买到更便宜的衣服，用时间换金钱。

当然不用加班又可以享受悠闲生活的人是存在的，一种是早已成家立业拼搏过奋斗过的中年人，一无所有的你无法与他们相比；另一种是能力出众工作效率高超的大神，资质平平的你就不要做白日梦了。当你总抱怨工作太多做不完的时候，不要挖苦公司、吐槽行业、感叹社会，请审视一下自己是不是工作能力有问题。

十五周年同学聚会，大家都有些激动。马上要到奔四的年纪，父母、家庭、工作哪一样出了问题都没那么轻松，还能聚在一起的人已经不多了。一个宿舍的兄弟见面，几杯酒下肚把人的记忆都拉回了旧时光。

“老杨你太不仗义了，以前上学的时候出去喝酒，数你最积极。怎么毕业十周年大聚会，咱们哥几个就你缺席呢？有那么忙吗，特意选在大年初五你都没空？你知道我们多想你吗？”

“听说你这几年混得不错啊杨总，看这手表肯定价值不菲。快说说，这几年你不理我们，兄弟小聚也不参加，是不是闷声发大财去了？”

“说不定人家是飞上枝头变凤凰，懒得理我们喽。”

杨先生一身正装，显然是周末也在加班刚刚从公司赶来。听到兄弟们的“讨伐”他也不恼，呷一口啤酒笑骂回去：“我这么多年累得什么似的，你们这些个没良心的，见面就损人啊。”他松了松领带继续说，“我要真成了大老板，肯定少不了你们。不过你们见过大老板周末加班的吗？还不都是劳劳碌碌的命。”

“得了吧，大老板才是没日没夜的工作狂呢。别卖关子老实交代！”

一定是酒太醉人，经年时光里那些咬牙坚持的一个又一个日夜，那些已经被忘却的挣扎在跟着酒气不断翻涌。杨先生缓缓地开口：

“毕业之后的这些年，我一直在拼命奔跑，好像很久没有真正放松过了。那时候我和小夕一起去了北京，我在一家互联网公司工作。刚开始租房子的钱都没有多少，我和其他十几个人挤在地下室里。小夕在丰台一个教育机构上班，条件稍微好一些，也是和几个女孩子合租。那时候我唯一的想法是，离开群租房，给小夕一个独立的家。于是我拼命工作，跟一次项目甚至连续几周睡在公司。小夕倒是很理解我，北京城那么大，我俩像异地恋一样一个月见一次面。大概有三四年的时间吧，我每个月只休两天，一周有六天都要加班到九点。但是收获也是值得的，没过多久我的收入就可以负担一间独立公寓的租金了，她也回到北京城里找到工作，生活条件好了一些。”

讲到这里，大家纷纷起哄：“怪不得这么疼老婆，人家那时候跟着你吃了多少苦啊。”

杨先生忙不迭地点头，脸上都是幸福的微笑：“所以我向她求婚了，这么好的女人值得我一辈子珍惜。其实我是个胸无大志的人，结婚以后很是散漫了一阵子，加上那时候小夕怀孕，我就想着不做程序员了，调换部门，少加班，多陪陪她。尤其是拼命那几年，我也疲累了，就想着混几年再说，反倒是她点醒了我。”

可能这也是很多人会遇到的问题，年轻时光棍一条，怎么折腾都不怕，一旦成家立业，就有了牵绊。每天只想早早回家，和爱人窝在沙发上消磨时光。可是爱情过后，更多的是责任是担当，家是避风的港湾，维护它需要加倍的努力。你愿意自己的爱人孩子跟着你一起节衣缩食，拮据地生活吗？或许看到别人家的孩子从小就享受着高级的教育资源，琴棋书画样样精通，你却还在为了费用高昂的家教课犹豫时，你才会想起当初的懒惰。

杨先生继续说：“小夕真的很坚强，她说怀孕没有那么可怕，也没那么矫情。然后我醒悟了，现在家庭稳定，父母还未老去，暂时不用我们操心，更要抓住好时机闯出些名堂来。一时的陪伴不如细水长流地过好日子，我们不是物质的人，但是物质却可以让我们更好地生活。所以我又重新找回了斗志，为了即将到来的新生命，为了一家三口的未来。”

后面的故事大家都能猜到。这些年杨先生从小杨变成杨工，再到现在的杨经理，牺牲了很多，付出了很多。但是聪明的人从来都能找到生活的平衡点，虽然工作繁忙，但他们不会因为工作忘记与家的联系，与亲人的沟通。只要有心，只要有爱，只要记住拼搏努力的目的，就不会迷失方向。

别在该奋斗的年纪享受安逸，别蹉跎了岁月又黯然神伤。可能你已经不再年少，自认在社会上摸爬滚打多年，早已参透人生百味。别找借口了，那么多成功人士大器晚成的故事，网上随便搜搜就是一大把，你只是不想承认自己的惰性与懦弱。更何况告别二十多岁的年纪，正是有了一定社会经验，不再毛躁懵懂的大好时光。在越年轻的年纪，有越高的收入，进入越高的层次，才会积累更多的阅历，有更好的条件去追求更优质的享受，遇见更好的人，做更好的自己。

茫茫夜色下，匆匆赶路的你，其实也蛮幸运的。有漫天星辰与你为伴，有灯火阑珊给你温暖，家就在那里安安静静地迎接工作一天后，累却充实的你。

寻找拼搏路上的捷径，并不等于投机取巧

《三国演义》问世至今已走过几百年风雨，诸葛亮文韬武略，用一出出妙计四两拨千斤破局化势。但这毕竟是历史演义，有些人却试图在现实生活中寻求“妙计”，企图找到省时省力便捷快速的方法，逆转困境获得成功。

日新月异的时代，停滞不前就是倒退，速度仿佛成为决定成功的重要因素。网络上充斥着大量速食品一样的文章：“三招教你搞定工作总结”“只需十天你也可以成为营销大师”“一个月包你学会PS”，等等，在各种领域不计其数。若你真的点开文章，其内容也不过是泛泛而谈，流于表面。

作家格拉德威提出“一万小时定律”。任何人从平凡的普通人成为某一领域的世界级大师，至少要经过一万小时的练习。人们认定的天才之所以卓尔不群，不是因为他们生来就天资不凡，而是他们有耐得住寂寞和接受锤炼的毅力。即使是音乐神童莫扎特，二十一岁写出第九号协奏曲，也是从四岁开始就被音乐家父亲严格训练造就的。所以不管我们有什么样的目标和计划，最简单的办法就是按部就班地打好基础，不要妄想一步登天。也许努力的路上你是孤独的，像是走在一条大多数人没有选择的路。但也许只是因为，这是一条最难走的路，旁人是因为懒惰和投机取巧的侥幸心理而放弃了它，对它视而不见。可是往往这条路才是通向成功的真实

路径。

当然拼搏路上我们也无须完全闷头赶路。寻找捷径，是寻找成功的方法，是寻找更高效、更优秀的达到目标的最佳路径，而不是投机取巧。这其中的区别恰恰是通往成功的关键，关键在于我们的内心。有些人认为寻找捷径就像搭顺风车，简单而又不需要自己费心费力，于是屈从于懒惰，被欲望蒙蔽双眼，从此以后只关注哪里可以搭到“顺风车”而不顾自己的目标在哪里，最终忘记了自己真正的目的地。

李小姐的工作是与文字打交道。在纸媒时代她出版了书籍，给报刊写专栏，也做过编辑。互联网渐渐兴起，她又转身做起自媒体，运营公众号和知名网站的专栏。这些年来，无论是纸媒的衰落还是新媒体、社交媒体的强势崛起，李小姐都能顺势而为将知识变现，从稿费收入、版权收入到读者打赏、订阅用户付费，等等，好像从没受过影响。

李小姐经常受到平台邀约采访甚至请她去做线下的互动，讲述运营自媒体的经验，传授写文案、推送优质文章的技巧，她都一一婉拒。在她看来，无论是出书还是推送公众号文章，重要的是内容至上，靠质量取胜。技巧只有一条：多读书，多阅读，多积累，多沉淀。所以没有什么多余的技巧可讲。

互联网作为技术工具的发展，确实带来了很多便利。从前出版一本书，周期漫长，反馈机制单一，作家与读者互动几乎为零，只能参照销量、读者回信、读书论坛的讨论调整。而进入网络时代，作者与读者的距离越来越近，这是优势也是压力。每天推送的内容，多少人阅读，多少人打赏，每一次分享，每一条评论都可以快速地统计反馈。因此用户喜好、市场走向也可以实时把握。李小姐介绍说，自己的平台现在有一百万用户，每篇文章的阅读量最低也有几十万，月收入六位数。

她坦言，这条路很难走，公众号运营了三年才有了现在的规模，用户数量真的是一点一点累积，获得今天的成绩没有任何捷径可以走。在做自媒体以前，李小姐有着十几年的写作功底，并且从年轻时就保持阅读习惯，直至今日工作再忙也没有放弃。每年几十万字的阅读量，加上自己十几年来的写作沉淀，造就了如今的水平。如果说在此基础之外还有什么需要的因素，那就是心态。

刚开始投入互联网时，李小姐也很迷茫，无论多么用心地写文章，关注量就是不见涨，阅读量也只有区区几千。她也曾被诸如“靠码字步入新生活，我的自媒体经验”这样的文章吸引，却发现这类文章只是展现了成功者最光鲜、最得意的一面，好像告诉大家，只要你和我一样做也能成功。它营造了一种幻觉，一种只要学到别人成功的方法，就能成功的幻觉。但“学到”和“做到”往往还隔着十万八千里，有些人用尽一生也走不完这之间的差距，以为成功永远不能被复制。

没有人能只靠一篇优质文章就跻身大V行列，收获大量人气和关注。所以她不再着急，而是回归本心，专注于内容，并且用心研究读者留言，寻找用户喜好。慢慢地，她摸索出了自己的风格，也收获了一批固定的粉丝用户群体。而且这些用户代表了社会中的某一类人群，像是一个圈子，圈子里的好友一定也是有共同喜好，生活状态有交集的潜在用户。于是一传十、十传百，平台的用户数量开始稳步上升，达到如今的规模。

李小姐说：“一定要相信，量变会引起质变。没有前期的积累，即使侥幸通过某一篇文章走红，阅读量过千万，没有其基础的支撑，也无法留住读者，保持收益。所以归根结底，持续的、优质的内容供应才是发展之道。写作是一件孤独辛苦的事情，能不能保证质量，就需要个人的努力了。靠拼凑、抄袭、模仿、跟风这些投机取巧的手段，永远不会写出好东西。”

无论是工作还是生活，越是珍贵的重要的目标，越要花心思去对待，付出更多的成本去换取，比如时间、金钱、精力或者汗水。

我们不否认捷径的存在，但是走不走捷径、怎么利用捷径却是个人的选择。电脑程序有最优算法，规划工作和生活、向着目标努力拼搏前行时，当然也有最合适的路径。可是不要忘记，再短的路，也要亲自走完，不可能一下子就越过重重困难与考验飞到终点。

机会来临时，若已准备充分，为何不抓住机遇，步入更高的层次。依靠旁门左道，或是投机取巧的手段得到的东西，总有一天也会让你明白，太快得到的东西一定会很快失去。没有基础和沉淀换来的成功，就像站在针尖上保持平衡，只剩岌岌可危的荣耀。

前行莫忘来时路，只有一步一个脚印走下来，才会获得满满的踏实感。而那些混合着汗水和泪水的脚印就像一个一个标记，在每一次回首时提醒自己："我是谁，我来自哪里，我要去向何处。"

短暂的沟通，让你提升生活幸福感

有些影视剧中为了展现人物工作努力的状态，会有这样的桥段：主角一个人奋战在灯火通明的办公室，加班到深夜回到家中，发现等待自己归家的爱人早已在沙发里睡去，他欣慰地笑一笑为爱人盖上一条毛毯；又或许是这样的情节：主角日日早出晚归又总是出差，为了安慰家人，便买来各种礼物并许诺日后有空闲一定会陪伴家人做想做的任何事。

我们总是用忙作为借口，搪塞自己对家庭的疏忽，安慰自己忽视家人的愧疚。例如，"等忙过这一阵子就陪老婆一起去旅行""等忙完今年就有时间陪孩子学画画了""等忙完这个项目就回家看望爸妈"……

我们以为忙完眼前的事情总会找到闲余的时间，而现实多半不遂人愿，往往我们忙完这一阵子便要开始忙下一阵子。又或许你把自己的忙，定义为创业、打拼、开拓未来。你把自己打造成一个完全的工作狂，在哪里都是办公时间，周末在家也是工作电话不停；

平时下班从没有准点，回到家中累得一句话都不想和家人讲；碰上谈项目和人家吃饭拼酒，酩酊大醉后在深夜回家不管不顾在沙发上倒头就睡。你认为自己做的一切都是为了家人更好的未来，所以家庭必须是自己的后援与支撑，要全力支持、完全理解。殊不知在你日复一日的忙碌中，已错过太多。可能有一天你才会突然发现，与爱人有千言万语想倾诉却相顾无言，对孩子有百般疼爱却只剩下一声叹息，甚至对自己的父母想要尽孝时却已是子欲养而亲不待。

情感的建立需要细水长流的滋润，无论爱情或亲情，没有谁是谁的牺牲品。不要总以为时间还有很多，一切还来得及，工作与生活有时不一定是单选题，在奔波向前的道路上，也记得分一些精力给他们，哪怕是一点点的时间，几句走心的沟通与交流，给那些在我们背后不计回报默默付出一切的家人爱的温暖。

在兼顾家庭与工作这个问题中，男人和女人有不小的差别，但无论如何分配这天平的两端，有效的沟通都是其中重要的支点。

廖老板今年四十有七，是一家互联网服务供应公司的创始人之一。他待人和善朴实，对待生活积极向上，是靠过硬的技术带领公司一步一步发展到现在。就连公司的新员工都知道，廖老板事业有成且家庭幸福，娶了一位美国妻子，有两个漂亮的混血儿子。但他们不了解的是，廖先生在四十岁那年才组建家庭，大儿子今年不过五岁。在此之前他一直是拼命三郎，公司的女员工曾私下调侃，能嫁给“钻石廖老五”的女人上辈子一定拯救了地球。

廖先生年轻时留学美国，毕业后进入美国硅谷一家科技公司，前景一片光明，但他却在三十岁时毅然辞职，放下一切光环回国创业。那时候中国互联网刚刚兴起，廖先生带着一腔热血投入中国市场。毕竟已在美国生活十多年，国内的一切都让他难以应对。为了推广自己的技术，他亲自跑客户，一天好几拨饭局、茶会下来，整个人都是麻木的。

创业的那十年，他甚至以为自己要孤独终老，无休止的加班、研讨会、项目、技术攻关，在他遇见的女人中几乎没有人可以忍受这样的生活，直到遇见现在的妻子。事实上，不是他遇到了可以忍受自己的人，而是遇到了改变他生活的人。

现在的廖老板工作依然忙碌，每周加班的次数不少，偶尔晚餐还需要应酬。但无论在哪里解决晚餐，他都一定会为妻子打包一份食物回去。不是打包剩饭，而是认真拿来饭店的菜单，点几样妻子爱吃的食物带走。他说，自己的老婆不怎么会做饭，又喜欢吃中餐，如果自己不回家做饭，即使已经在外用过餐，回到家也会陪着爱人再吃一些。并且他爱人认为晚餐时间是两个人每日不可忽略的交流时间，所以他一定会保证质量。“工作与家庭不可能完全平衡，若想稳定必然要做出牺牲。我的妻子付出那么多，漂洋过海来到中国，我工作这么忙，也必须留出时间给她，给她反馈，让她感受到我爱她。这也是我妻子教给我的道理。”廖先生如是说。

有了儿子以后，廖老板更是彻底从工作狂变成了居家小男人。有时他上班会迟到几分钟，那是因为早晨起来给小儿子换尿布耽误了时间。而每次出差，他更是拒绝一切晚间活动，在宾馆和老婆孩子视频，哄儿子睡觉。

“大儿子刚出生的时候，赶上公司上市忙得昏天黑地，每次回家抱抱儿子倒头就睡。那时总想着儿子还小，以后有的是时间陪他。等我停下脚步时才反应过来，儿子都到了上幼儿园的年纪，我才发现自己错过了儿子一大段时光。孩子成长的每时每刻都那么珍贵，缺失的时光是独一无二完全没有办法弥补的。”每当说起这些廖先生都十分愧疚，“所以不是工作忙没有时间，而是你有没有这个心思花时间给家人。每天视频看似是形式，有时也只有几分钟的空闲。但是这样的状态可以让爱人孩子感受到我的爱，那它的意义就是非凡的。”

而对于女性群体，这个问题好像变得更加复杂。无论我们如何争论，这个社会对待女强人总有些许不友好。同样是放弃了家庭和孩子投入事业，女人似乎会受到更多苛责，所以也就造成了大部分女性把重心放在了家庭而非事业的现状。事业论，家庭论，其实都没有错，选择什么样的观点，其实都是在为自己的选择寻找支撑。只是我们要明白，生活没有那么极端、那么可怕，不是所有女人结婚生子后都没有了自我，没有了事业。依然有那么多的女人，活得自由而美好。

梅梅是典型的事业型女人，保养精致的脸庞看不出岁月的痕迹，永远的套裙细高跟鞋是她行走江湖的铠甲。作为公司经理的她，也是一个十岁女孩的妈妈，小姑娘性格可爱，待人谦逊有礼。旁人都道她是个幸运的女人，聪明美丽，事业家庭双丰收。梅梅心中却总有愧疚，认为自己对女儿太不负责，是个负心妈妈。

前几天女儿的学校布置家庭作业，要父母孩子一起，用家中废弃的材料做一件手工作品。女儿放学特意打电话嘱咐妈妈早点回来一起完成作业，但梅梅还是忙过了头，回到家已经快十点，女儿早已睡去。书桌上放着一个没有屋顶的手工小房子，旁边一张纸条上是女儿的留言：“妈妈记得把屋顶粘起来哦，我们说好了一起完成的。”看到这里，梅梅忍不住流下了眼泪，愧疚再一次涌上心头。

之后几天梅梅推掉许多工作，每天接送女儿上学，周末带着女儿去游乐场疯玩。但女儿在周日晚上的一番话却震惊了梅梅：“妈妈，你下周还是回去工作吧。你高兴做什么就去做什么，这样推掉工作陪我，一点都不开心，我也会跟着难过的。”

梅梅忽然想通了。可能一个心事重重的全职妈妈给孩子的负面影响要远大于积极向上的职场妈妈。自己对于孩子的疏忽，更是不能用愧疚的心态在事后补偿的。自己的性格注定不能做全职主妇，那就不要背负那么多愧疚与压力在身上。重要的是说到做到，答应孩子的事情一定要完成，不要给孩子许诺未来的虚无。

陪伴是最长情的告白，但是生活不易，柴米油盐也需要我们忙忙碌碌，为了守护那一份温暖，我们可能会缺少一些家人的陪伴，也会缺席陪伴某些家人。不过没关系，重要的是心与心的距离。通过敞开心扉的沟通，让家人感受到被呵护被重视的幸福。

生活里总有一盏灯，是留给你的

我的家在一个老式居民小区里。因为建设较早，是一个开放式的小区，物业管理也不太严格，环境比较混乱。过去，周围住的都是知根知底的老邻居、老街坊，相处起来比较融洽，也相对安全。但是伴随着越来越多的老熟人搬离，以及更多的陌生人搬进来，小区的治安开始有些让人担心。

这导致我每次回家，母亲总会不厌其烦地嘱咐："千万不要太晚回来，回来的话一定要给我打电话，我去接你。"

我答应得很干脆，心里却想：我这年纪都能当妈了，还需要担心这些吗？

不仅如此，她还总是喜欢在家里等我。只要我不回家，不管到多晚她都不睡觉，从楼下经过的时候，我每次都会看到自己家的灯光，透过窗纱昏暗地照耀着，告诉外面的人——这家还有人没睡。每次看到，我都会感到愧疚。

作为一个年轻人，我自认应该有自己的生活节奏，可是又不愿意因此而连累母亲休息不好。所以，我不止一次地跟她提了这个问题。

"下次你就不用等我了，我也不用你接我。你好好休息，早睡觉，就是对我最大的体贴了！"我自认是为她好。

可是她却很固执，坚定地摇头说："你不回来，我睡不着觉啊！"

看到我左右为难，她赶紧强调："我不用你管，我什么时候睡那是我的事。你还别说我，隔壁的刘阿姨也天天等她闺女回来呢！"

我被母亲这种另类的"攀比"惊呆了，也不知道该怎么回应她。不过她说的刘阿姨却让我想起了一些事情。

隔壁的刘阿姨是单亲妈妈，有一个正在外地上大学的女儿。她几乎是看着我长大的，而我又看着她的女儿长大，两家关系还算不错。在这种基础上，母亲知道刘阿姨每天也等着她女儿回家，也就情有可原了。

"我记得刘阿姨的女儿还在上学啊，怎么会晚回来呢？"我问。

"哦，小菲在补习班找了一份工作，现在每天要忙到十点才能回家，所以你刘阿姨天天等着她。"母亲不经意地说。

小菲就是刘阿姨的女儿。因为刘阿姨一个人带着小菲长大，家里的情况并不太好，所以小菲要在假期做兼职的事情我也是知道的。只是没想到，她每天都要忙到这么晚。

刚想到小菲没多久，我就在一次晚归的时候遇到了她。从小区门口一起进来，我下意识地往自己家的方向看去，果然，能看到我家的灯还亮着，隔壁刘阿姨家也亮着灯。

小菲也顺着我的目光看去，然后笑着说："你也在看家里的灯啊！我也看到了，我妈还没睡呢，一定是在等我。"

说着，她就掏出手机，给刘阿姨打了个电话。两个人在电话中并没有说几句话，刘阿姨只是说让她等着自己，这就下来接她。

“妈，不用了，我和姐姐一块回去就行，你待会儿给我开门吧！”小菲说完就挂了电话。

“你经常给你妈妈打电话吗？老让她来接你，是不是挺累的？”我小心地说。

“我也不想让她来接我，她忙了一天了，又累又困，应该早点睡觉。”小菲也很无奈，“可是你觉得可能吗？她肯定会特别担心我、记挂我，只要我没回家，她心里就像揣着什么似的，总也平静不下来。所以，我干脆答应了我妈，让她每天给我留着灯。我每天一给她打电话，她就会下来接我。”

小菲顿了顿，说：“其实，她等的就是这个电话，有这个电话她就能安心了。要是我什么都不说，她才会害怕呢！”

做母亲的心情就是这样，总是会对自己的孩子牵肠挂肚，哪怕孩子在最安全的地方，只要不是自己身边，母亲总是觉得亏待了孩子，总会担心孩子的安危。

这时，一个电话也许不是打扰，而是让她安心的灵丹妙药。

小菲告诉我，有一次她的手机没电了，回家路上又堵车，没能按时给刘阿姨打电话。她倒是没想到会出什么事，因此也不太着急。谁知道走到楼底下的时候，突然看到一个黑乎乎的影子，差点吓了自己一跳——竟然是刘阿姨。

“妈？你怎么跑这里来了啊？”她缓过来之后，带着一点疑惑问道。

听到这句话，刘阿姨立刻跑过来，一下子抱住了小菲，带着哭腔说："你这个孩子，我还以为你出什么事了，在楼下等了你好长时间了！你要是再不回来，我就要去报警了！"

小菲劝着刘阿姨："我这不是回来了吗？就是有点堵车。"同时想，如果自己再晚一点，妈妈可能真的会去报警吧！

"所以我后来出门，从来都是充满电还要带着充电宝，哪怕没电了也要借手机给她打电话。"小菲说。

"你不怪你妈妈管得太严了？太……敏感了吗？"我想，难道是单亲家庭的母亲格外敏感？

小菲却带着笑摇了摇头，非常诧异地说："怎么会呢？我感到很幸福啊，因为不管多晚回来，都有一个人在关心着我、牵挂着我，都有一盏灯在等待着我，这才是家的意义啊！没有妈妈，我就没有家了。"

所以，她从不觉得这是负担，只觉得甜蜜。就像刘阿姨一样，宁愿牺牲休息的时间也要等着自己的女儿，因为等待让她感到安心。

我突然想，其实这份心情跟单亲家庭没有一点关系，是每个母亲都会有的感受。那我以为的对母亲的体贴，是不是在强人所难呢？让母亲不要再等自己，只会让她心里更忐忑不安、牵肠挂肚。与其如此，倒不如每天早点回家，更能让母亲安心。

就在我想到这一点的时候，小菲也说道："所以啊，我以后一定要找一份不加班的工作，再也不让我妈等我这么晚了。"

看着她这样渴望早回家的样子，我感到有点愧疚，似乎自己坚持的所谓“生活方式”，在这样简单的愿望前面显得格外不堪一击。

说完话，我们就看到了楼下的刘阿姨。她有些伛偻的身影显得格外瘦小，那是常年劳作留下的印记。可是她的眼神却十分温和，看着小菲的样子让我感到得熟悉。

我想起来了，那是我的妈妈看我的样子。

“你怎么还是下来了啊！快进去吧，外面冷。”

“我还是不放心你俩，想来看看。”刘阿姨说，转身又招呼着我，“你也快点回去吧，你妈肯定担心你呢！”

我站在那里停住了，抬头看了一眼家里的灯光，点点头迅速地跟上。

从那以后，我学会了早回家，学会了接受母亲看似多余的爱。每次，我都会给她打一个电话，然后和正在楼下等我的她，一起回去。

从那盏黑夜里的灯光中，我也看到了家的温暖。

后来的一段时间，我总是喜欢在回家的时候观察小区里的灯。我觉得我们家楼下的那个男人应该是独居，因为他不管回家多晚，家里都不会有灯光在守候他；而隔壁楼的一对夫妻常常很晚下班，他们家的灯在晚九点就会熄灭，据说家里有一个小孩……

每当这时候，我都忍不住再看看我家的灯，瞬间就会生出一种满足感。我好像理解了小菲的想法，从那一盏灯里，我分明看出了满足感和优越感，好像比周围的人都活得更幸福似的。

而我也发现，半个月后，隔壁刘阿姨家的灯在晚上就不再亮了。

“妈，为什么刘阿姨家晚上都是黑的？”我很疑惑，“怎么现在都没灯光了？”

“你刘阿姨睡得早，她明天还要早起上班，太累了，只能早点睡。”母亲一边忙着清理厨房，一边说。

“那小菲……小菲是回学校了吧？”我灵光一现，突然明白了缘由。果然，母亲点了点头。

原来，自从小菲回学校，刘阿姨就再也不等到那么晚了。不知为什么，我突然替刘阿姨感到一种孤独，好像不能再为自己的亲人留一盏灯，不用再等到深夜，是一件多么令人失望的事情似的。

“怎么会这么想呢？刘阿姨现在不用担心小菲了，也可以好好休息了，应该是好事啊……”我小声嘀咕着。

一不小心，就被母亲听到了，听到她疑惑的问话，我只好随便编了个理由：“我没说什么，就是想说刘阿姨这也睡得太早了啊！”

要知道，隔壁楼那个自己在家的小孩现在还没睡觉呢！

“她自己在家，也没什么事做，心里空虚，可不就早睡觉了？”母亲叹了口气，好像很有感触的样子，“别说是她，你原来不在家的时候，我也特别早睡觉。”

“为什么……我们不在家了，你们不应该感到松一口气吗？以后也不用等到那么晚了。”我这下是真的吃惊了。

“等到夜深虽然有点困，但是心里很安定，因为知道你们就在身边。你们离开家了，就不一样啦……”母亲的话没有说完，就起身去做饭了。

不一样了，是哪里不一样了呢？我想我明白了。儿行千里母担忧，这句话即便放到现在也是适用的。孩子从母亲的身边离开，就像带走了母亲心里的重要的一块，虽然生活轻松了，时间充足了，可是心里缺了一块，总会感到不适。

这时候，空有时间却没有享受的心情，只好早早睡觉，防止自己觉得寂寞。

想到母亲也是这样度过了这么多年，在牵挂着远行儿女的每个夜晚，强迫着自己早早睡下，不再胡思乱想，我就感到一股浓浓的愧疚。作为女儿，我永远不能体会她的心情，因为那时候，我可能在任何地方快乐着、悲伤着、激动着，却没有想过远方的父母在做什么。

我们的感情是不对等的，也就无从体会那份情深。

就是那天晚上，我突然梦到了母亲去世的场景。梦里，她应该已经离开我很久了，我一个人生活在空荡荡的家里，每天回到家看到的是一片漆黑，打开厨房门，迎接我的是冷锅冷灶。自己吃饭，自己睡觉，自己给自己说话，晚上的时候，就感到一股浓浓的孤独感侵袭而来。

在梦里，我一边流泪一边想，就算自己在下一秒死去，也不会有人知道、不会有人在意吧？因为生命中最在乎自己、最牵挂自己的那个人，已经先一步离去了。

这样的痛苦，让我一下从梦中清醒过来。在安静的深夜里，我听着从不远处传来的、母亲穿透力极强的呼噜声，突然感到前所未有的安心。于是我小心地凑过去，给了她一个轻轻的吻，说：“妈妈，谢谢你。”

同时，我也想到了刘阿姨和小菲，在迷糊和清醒之间，我好像也祝福了他们，希望她们能早日过上想要的生活，团圆在一起。

然后，就这样一直幸福下去，像世间许多的圆满家庭一样。像那些幸运的人一样，总能在回家路上，看到等待着自己的那盏灯。

远去是一种成长，也是一种修行

小时候读朱自清的《背影》，只觉得父爱如山，十分感动。长大之后才感慨，故事里写的都是骗人的。

当然，骗人的不是父爱，而是火车站边的背影。严格的管理制度之下，别说在车站月台边叫卖的商贩，就算是送行的亲属都不一定能进入车站。就算进入又如何？人潮涌动、摩肩接踵的候车大厅里，别说背影了，旁边的人距离你超过一米，你都能把他弄丢。

所以，想要对亲人的背影来一次长时间、远距离的目送，几乎是不可能完成的任务。

就算真的有这样的背影，也很少有慢慢开走的火车能让你来得及消化这份特殊的情感。可能刚还看到对方，一个愣神，呼啸的火车就把他的身影模糊了，那份酸涩还没涌起，就消散在心里。

从前慢，现在却快，快得让我们连好好感受一次离情别绪的机会都没有。

“谁说没有的，我就体会过。”对于我突如其来的这番感慨，身边的安娜显然有别的话想说。

我看了她一眼，突然觉得太阳似乎从西边升起了。这个一向没心没肺的姑娘，也曾经体会过这种难以言表的感情吗？

“你还别看我，我真的体会过。”安娜说，“当时我都要哭了。”

安娜说的那个背影，属于她的母亲。

别看这个姑娘拥有如此洋气的名字，其实只是沾了姓氏的光。她姓安名娜，单独拆开就会发现，这个名字其实土气得很。

为此她常常感慨：“谢谢祖宗给了我这个好姓，否则我也没法对自己的名字抱有什么期盼了。”

因为她的父母，都是只有初中文化的农民，取个好名对他们而言，实在是太难了。看着身边这个开朗而又娇艳的女孩，你很难想象她出生在贫困的陕甘革命老区的一个偏僻村庄里，同年龄的女同学，有一些连九年义务教育的学都没上完，就回家种地、结婚去了。

“每次回老家，看到她们现在的生活状态，我就觉得十分感激我的父母。感谢他们能让我有受教育的机会。”安娜说。

和很多女孩一样，安娜也有一个比她小两岁的弟弟。当年父母省吃俭用供她考上了大学，不知道有多少人劝他们：“别让孩子读了，女孩子读到高中就够了，省钱让她弟弟上学吧！”

因为再读书，家里就要负债累累了。

父亲不同意，母亲更是拍板说：“我就是这么被耽误了，我不能再让我闺女被耽误！”

她知道，母亲心里一直为自己当年没能继续上学而感到遗憾，所以更不愿意让女儿走自己的老路。于是后来，父母卖了自己家的老屋，才勉强凑够了一万块钱，送她来遥远的东部上学。

“钱很少，要省着花，所以我们买了最便宜的慢车，硬座，坐了整整两天。”安娜说，“我爸本来特别高兴，自己的闺女考上了大学，他激动得好几天没睡，天天筹划着怎么来送我，可是看到硬座票价后，愣是改了主意。”

因为太贵了，他想省下来给女儿买点吃的、用的。所以，陪伴着安娜的只有母亲。

“我们那里的车站还很落后，亲属可以一直送到站台上。我看着爸爸站在那里挥手，心里其实只有对未来的激动。现在想，他当时应该很失落吧！”

失落于，不能亲眼去看看改变女儿命运的地方到底是什么样子。为此，在之后的日子里他还常常提起，总说：“要在你毕业的时候去看一次。”

跟母亲坐了两天慢车来到新的城市，安娜又累又兴奋。两个人扛着沉重的行李进了学校，收拾好一切时已经是傍晚了。

“安娜，你妈妈住在哪里啊？学校有自己的招待所，好像直接去招生处问一下就可以，很合适，不如阿姨就去那里住吧！”舍友走过来，热情地介绍道。

安娜想了想，就跟母亲说：“那好啊，妈，我送你过去吧！”

她问好了地方，把母亲一路送到了校门口，还想再往外走，母亲却阻止了安娜，说：“别送啦，一会儿你自己回去，路上太黑了我不放心，妈自己去就行了。”

安娜想了想，觉得妈妈说得也有道理，加上一心全在憧憬新学校的生活，并没有多想，就回去了。

“后来，等我给爸妈打电话的时候，听到我爸的抱怨才知道，我妈根本没去什么招待所。她觉得那里太贵了，就找了一个公共浴池，花了十块钱在里面过了一晚。”安娜说起的时候，还很心酸。

“那里可暖和啦，我还洗了个澡，一点都不难受，别听你爸胡说。”母亲的话好像还停留在耳边。

第二天，安娜就要送母亲走了。来的时候，两个人背着、抱着的行李像小山一样，掩盖了母亲的身影。走时却两手空空，让安娜一下子发现，母亲似乎那么瘦小，而自己早已经比她高了。

“我看着她走进检票口，缓缓离开了。我妈老了，从背后看是那么明显。”安娜说。

母亲穿着和周围人截然不同的工装，虽然洗得干净，也掩盖不了这身衣服的过时感。她看起来比身边的同龄人大那么多。而在安娜家的相册里，母亲年轻的时候明明也很美丽，黑黝黝的大眼睛，油光水滑的大辫子，笑起来就像画片上那个年代的电影明星。

她老了，将自己的青春磋磨在了黄土地里，磋磨在了儿女的身上。

“我们总会在某一天突然发现，父母老了。”我说，“这是每个人都会经历的。”

而那一刻，我们总会感到如鲠在喉的难过。

我叹了口气，不知道该说什么好。是劝她不要伤心，还是感慨这个一向粗心大意的女生难得的敏感呢？最后，也只好说了一句：“父母都是这样的啊！”

都要注视着孩子的背影，看着他们离自己远去。

哪怕现在，安娜已经在这个城市拥有了自己的一席之地，很快就要和父母团聚，也没有改变她在人生的路上，渐渐远离他们的事实。她总会遇到一个父母眼中的陌生人，组成新的家庭，拥有另外让自己牵肠挂肚的人。

然后，又重复着父辈的行为，亲手将自己的孩子送离身边，看着他远行。这样的生活轨迹，就是一个平凡而完美的圆，在世界的每个角落存在。

儿女和父母的关系，似乎从孩子还是胎儿的时候就注定了——从出生那一刻开始，我们就将走上一条远离父母的道路。在他们爱的目光中，渐渐学会走路，渐渐爱上外面的世界，渐渐奔跑着，与他们越来越远。

而这就是人生，一场不能倒带的修行之旅。

一场属于你我的修行之旅。

第3章

依赖别人，不如活得让人依赖

每个人都曾经依赖别人而活。小时候，我们是稚弱的孩童，只能靠父母养育；初入社会，我们是懵懂的新人，需要前辈提携；困难面前，我们可能分身乏术，需要帮手……

我们不可能成为那个孤立的点，人的一生，总有需要依赖别人和被人依赖的时候。只希望，你选择活成那个被人依赖的人，成为父母的依靠，丈夫、妻子的支撑点，孩子的遮阳伞。选择活成那个能被依赖的人，会难一些，但会更幸福、更踏实。

高质量的生活需要爱与陪伴

我们总是感叹时光飞逝、年华易老，时间就像针尖上的水珠滴入浩瀚的大海，悄无声息也渺无踪影。也许用“偷”来形容更加贴切，岁月袅袅惶惶，蹉跎而过，在我们不经意间，时间便被生活的大手从身边拿走，再也找寻不回来。

童年的时光之所以无忧无虑，是因为我们对这世界的认知太过浅显。童年的时光之所以漫长悠然，是因为我们的大脑还很简单，可以同时处理的事情很少，所以我们总是专注于某一件事，时间自然就过得慢了。那时候我们可以浪费一个下午，去观察蚂蚁的生活；那时候我们盼着过年，穿上新衣点了鞭炮，日子悄悄地来过又偷偷地离开。

年幼时，时间是一天一天地过，上学后时间是一学期一学期地过，现在是一年一年地过。两岁时一年是你生命的一半，十岁时一年是生命的十分之一，五十岁时一年便只是生命中的六十分之一了。我们忙着工作，忙着升职培训，忙着恋爱结婚，忙着养家糊口，好像时间刻度已经模糊，只顾埋头向前，却忘了已经慢下来，悄悄老去的父母。

现代生活节奏越来越快，在信息爆炸的时代，人们的大脑被各种新鲜事物充斥，生活过得多姿多彩，父母却已跟不上我们的步伐。当代人的世界观、价值观随着社会发展与父母辈有了天壤之别，差异产生的矛盾也随之而来，无可避免地摩擦与碰撞让我们不愿意再去与父母沟通。龙应台说：“父母亲，对于一个二十岁的人而言，恐怕就像一栋旧房子，你住在它里面，它为你遮风挡雨，给你温暖和安全，但是房子就是房子，你不会去和房子说话或沟通，也不会去体贴它，讨好它。搬家时碰破了一个墙角，你也不会去说‘对不起’。父母啊，只是你完全视若无睹的住惯了的旧房子吧。我猜想要等足足二十年以后，你才会回过头来，开始注视这没有声音的老屋。”千万不要等到老屋破败坍塌时才追悔莫及，二十年我们可以拼搏向前，而他们的二十年呢？是时候回头看看这幢呵护你长大、带给你生命与爱的老屋了。

我们与父母的差异，不仅是三观的差异，更是源于心中对于自我认知的改变。认为自己成家立业有了后代，便也是独立的成年人，翅膀硬了、眼界高了就可以对父母全盘否定。确实，他们老了，他们慢了，他们也糊涂了。你不再是那个闯祸后小心翼翼回家等待一顿胖揍的傻小子，老爸也不再是火气冲天拿起扫把追着你跑三条街的壮年男人。所以我们说话的语气变得理直气壮，对他们落后的老思想嗤之以鼻，每次通话只是简单地问候身体，可是那些经年泛黄的记忆是被不小心遗忘还是被刻意隐藏，只有自己知道。

几年前，父母家对门搬来了老两口，看年纪，两人七十多岁。他们刚搬来那年，我还和父母住在一起，对门入住后，母亲让我给邻居送过几次吃食，两家关系向来不错。老爷子健谈，每次开门都喜欢叫我去他家里坐坐。

聊过几次后，我知道老爷子姓王，小儿子在城里买了这间房给爸妈养老。至今印象最深刻的是他们家客厅墙上的一幅装帧精美的全家福照片。王爷爷家里的三个儿子在同一个城市，女儿在海南。年轻的时候，老爷子是县里小学的校长，学生遍布五湖四海。也许是职业原因，老爷子特别喜欢找人聊天，且好为人师，平日经常有学生上门拜访，三个儿子每周也都会轮着回来陪伴老人。

母亲喜静，平日在家要求我和父亲不许发出任何吵人的不和谐噪声，这也养成了我安静的性格。但对门的老两口却和我家形成了鲜明对比。老爷子身体硬朗，说话声音特别洪亮。每次有人拜访，他都会开着门等待客人到来，隔着很远就招呼客人进家。更不要提每周末儿子在时的热闹，哄孙子的声音，一家人吃饭的笑声，隔着一面墙都能听得一清二楚。我有时也会和爸妈抱怨几句，老爷子太爱热闹会给邻居带来困扰。他们总是笑笑，说我太年轻、冷漠，不知道生活的温度。

在家住的那几年，我最害怕被王爷爷逮住“教育”，一是因为他洪亮的声音叫人难以消受，二是不喜他把我当作二十多岁的小青年看待。他那时总教育我，成家以前不要出去住，能在家住也是一家人的福气，就像自己的三个儿子能每周见到是最好不过的。我那时心中带着傲气，悄悄腹诽：又不是人人都像你家一样喜欢热闹，难道每周作秀似的回来，带着孩子乱糟糟地给父母添乱就是孝心吗，我对父母的关爱又不只是这样。

再后来我离开家，离开父母，住在距离单位更近的城北。即使在一个城市，因为工作及交通的原因，我基本一个月回去一次，但每周的电话、视频从来不会缺席，平日里看到适合他们的东西也从不吝啬给他们添置。大部分时候是他们听我讲，讲我的生活我的工作，他们说得最多的就是“我们没事儿，身体很好，忙就不用回来了”。这几年是我的事业发展期，有时忙起来饭都顾不上吃饭，每天回家都累到想倒头就睡，周末的时间大部分留给自己。慢慢地，我和父母形成了这样的默契，可这样的模式一旦形成，人也陷入了懒惰。我以为和爸妈无话不谈，心离得近就足够了。

直到今年春节，我突然发现对门邻居家十分安静，再也没有鞭炮声、小孩子进进出出的吵闹声和王爷爷标志性的说话声，这才知道老爷子去年突发脑出血，天气刚刚冷下来就搬去海南休养了。母亲在旁感叹：“老爷子挺幸福的，这么多年儿子们陪在身边，也过了几天子孙满堂的好日子。老爷子这一走，咱这儿是彻底冷清了。”我惊讶于“冷清”一词从母亲口中说出，恍然间意识到自己的父母也到了喜欢热闹的年纪。他们虽然从没有向我要求过什么，心里大概十分渴望。

“尽孝”一词古往今来被人赋予了各种含义，提出了各种要求。如今快节奏的社会，我们到底如何做才是最好的尽孝？其实核心应该是尊重，尊重父母的生活习惯、思维方式，不要试图改变他们，在能力允许的范围内尽可能满足他们的心愿，别给他们一种被抛弃的感觉。

其实爸妈哪里还有能力和气力要求我们什么呢，无非是希望孩子常回家看看。有时候那些被人认为作秀、矫情的做法真的很有必要，尽孝也需要一些形式化的东西。想想那些被偷走的旧时光，那些被父母细心呵护着长大的童年，快步向前时别忘了停下来，等等他们。

不能回家的时候，就打个电话吧

“喂，爸，最近挺好的吧？”

“挺好挺好，家里都挺好的。”

“你和妈身体怎么样？”

“我俩好着呢，你放心吧。”

“那……我……嗯……”

你有多久没有给父母打过电话了，又有多久没有回家看看老两口了？还记得上次交谈是何时吗？

小时候，我们有太多的心事想分享给父母听。在学校与同桌的矛盾，放学路上看到的零食铺子，考试失利后懊恼的心情……好像爸妈是无所不能的消化机器，可以接纳我们所有好的、坏的脾气。再后来，我们有了自己的心思，第一次喜欢的女孩，被男生偷偷送来的情书，关于未来的设想，想要离开家放飞自我的心情。

从我们离开家独自上路的那一天起，父母和家便被我们小心翼翼地藏起，成为深藏于心底的柔软。我们背负起责任、拼搏、努力，用强硬的外壳武装自己，行走于喧嚣的尘世间。外壳越来越厚，我们也越来越坚强，而心底那份柔软却在我们经年累月的战斗中变得不知如何相处，小心翼翼而又束手无策，咫尺距离的那份温情却不知如何靠近。

于是我们的话语变得少了，沉默多了起来。电话里的空白，就像这些年你独自远去离开父母的距离。甚至有时候会感到疲惫，父母已经不了解自己的生活，而自己对父母的生活也失去兴趣没有了耐心。慢慢地，电话就少了，我们一开始以工作忙为借口，再后来工作不忙的时候也懒得去一个电话，不知道说什么，不知道如何说，因为不知道如何填补自己和父母之间的空白。

公司同事小东是个挺腼腆的小伙子，进公司五六年，属于话不多但是踏实做事的人。我与他的交集一直在工作层面，没有过多交流，对他的印象十分扁平化。

去年公司业务扩展，到年底事情格外多，整个部门全部加班，一直到跨年夜那天都还在忙碌。晚上七点多，大家短暂休息，公司给员工定了丰盛的工作餐犒劳，所有人都欢呼着奔向美味，小东一个人走到角落拨通了不知谁的电话。

“喂，爸。嗯，还在加班呢，你们开吃了吗？”

“我也马上吃了，和同事一起呢，特丰盛，放心吧。”

“是吗，那你们开开心心的，我过年就回去了啊。”

原来是和家人打电话，同事们礼貌地回过头不再关注小东。大家纷纷坐下聊天、吃东西。谁知小东的电话足足打了半小时，其间偶尔飘来的零星话语也多是简单的嗯嗯啊啊。直到最后，他说出一句“爸妈我爱你们，新年快乐！”让办公室的同僚们炸了锅。有些年轻小姑娘更是开玩笑猜测，小东是不是妈宝男，这么大了还和妈妈爱来爱去。

小东收线落座，同事们纷纷凑上去询问：“没想到你很闷骚啊，平时话不多，和你爸妈说话倒是这么直白。”

听到这话，小东皱了皱眉头，有点生气地反问道：“新的一年到了，难道你们不给爸妈打个电话吗？”

“打什么电话啊，我爸妈不过元旦，我给我老婆打一个得了。”

“打电话我也说不口，自己儿子都那么大了，还说什么我爱你呢。”

“我和我爸妈没话说，给他们发过短信了。”

……

同事们借着话题七嘴八舌讨论起各自的父母，有抱怨，有感慨，有悔恨的，有愧疚的，但是没有人能像小东一样直接向爸妈说出那一句“我爱你们”。

“我刚大学毕业那会儿也是傻小子一个，觉得自己是社会人了，每次给爸妈打电话都厉害得不行，觉得他们落后了，不理解我了。那时候我爸给我提任何意见我都有一堆理由反驳，还好我妈脾气好，每次打电话和老头闹翻都是她从中调解。”小东听完大家的讨论，接着说，“结果有一年赶上老头生日，我还在和他闹别扭不想理他。我妈偷偷给我发消息逼着我给我爸打电话，我只好硬着头皮打过去。”

难得听到寡言的小东讲故事，所有人都停下来饶有兴趣地听着。

“我打过去的时候，我爸正在那儿打麻将呢，电话那头吵吵嚷嚷的，我以为老头子没有认真听，说了句‘生日快乐’就挂了电话。你们猜怎么着，我妈跟我说老头子忙着摸牌开了免提，周围的老头老太太都听到了，我爸开心了一周，逢人就夸儿子乖。”小东讲到这里有点害羞，耳朵悄悄地红了。

“那次真是让我醒悟了，我爸一直以我为傲，我只是简单地说了一句，他就开心成那个样子。”小东特别真诚看着大家，“你们别笑话我啊，我从那之后就开始改变了。平时工作忙回家少，我就定闹钟提醒自己每周给家里去个电话，慢慢地也养成习惯了，而且自己心态调整以后会发现沟通没那么难。”

“我也想和我爸妈多打电话聊聊天啊，但我都不知道说什么。”有同事反驳道。

“有时候不知道和他们说些什么，我会选择聆听，听老两口给我唠叨他俩的日常。其实他们的日常也很平淡的，我就告诫自己，小时候天天追着爸妈问东问西的时候他们那么有耐心，我怎么就不能听听他们的废话，”小东最后说，“说一句‘节日快乐’或者‘我爱你’怎么会做作。”

有一种亲情叫“我就是开不了口让他们知道”，大概是近亲情怯，很多时候那些最亲密的话却没法对最亲爱的父母说出口。但是人毕竟都是感性的，爸妈对儿女的爱是直白的、全心全意的，同样，他们也一定会喜欢、需要我们直白的表达。

很多人抱怨父母不理解自己，所以无法沟通。还有人因为自己混得不好，没有达到父母的要求而羞于面对父母。而更多时候，拿起电话又放下的瞬间，只是因为心里那些奇怪的矫情和不好意思。要相信，没有谁的父母真正讨厌自己的孩子，亲情可以淡薄但从不会缺失。如果真的与父母难以沟通，也请不要切断与他们的联系，只言片语的问候虽然是形式，至少不会让你在他们离去时懊悔终生，虽然我们总是在失去时才知道一切都做得不够。

既然不能常伴他们左右，我们总要做点什么安慰家中逐渐老去的父母。不能回家的时候，记得给他们去个电话。哪怕只是简单的问候，哪怕只是让他们听听孩子的声音。

在旅行的路上享受生活

有多久没有与父母一起出游过了，还记得上次全家人一起出游是什么时候吗？翻看那些泛黄的旧照片，爸爸头发黝黑浓密、昂首挺胸，妈妈眉眼间亦不见岁月的痕迹，还是孩童的你依偎着父母，一家人笑靥如花，那一刻的美好被定格在如画的风景中。那些年跟随父母出游的记忆，如今也只能在老照片中寻得。

与行动不再利落、已步入中老年的父母相比，约三五知己来一场说走就走的旅行，或与爱人享受二人世界可能更有吸引力。每次旅游归来，兴致勃勃地给父母讲述一路所见所闻，他们总是淡淡地微笑，仔细看着美景中孩子的脸满足地说："你玩得开心就好。"这时候你的心里会不会有一丝愧疚呢？

也许他们不再随遇而安，对旅途中的饮食住宿都要求舒适精致，也许他们更喜欢风景名胜，喜欢按照规划的路线游览。也许这样的他们会让你感到负担，感到麻烦，但是人生还有那么长，留给父母的时间却不多了，我们已没有更多机会带着他们出去走走。他们只会越来越老，而我们的牵绊也会越来越多，工作、家庭、子女，每一方都会牵扯我们的精力。

小朱有个群，大概有百十人，专门用来招募"驴友"相约旅游，或交流、分享各自的旅行经历。这个群里的人彼此心照不宣，形成一种默契，出去旅行绝不带家属，甚至是刚刚认识的陌生朋友，都可以毫无芥蒂地一起结伴出游。

每一次旅程的形成多半源于一时冲动。有时是抢到打折机票，有时是因为别人几句无心的推荐，更甚者是因为看到群聊中有人寻求旅行同伴而自己刚好时间允许便欣然应邀。他们往往不规划行程，一路高歌一路前行，是真正说走就走的旅行。

朋友们对小朱这个群体充满好奇，明明都是上有老下有小的人，为何要选择这样的方式。小朱对此的解释也很简单粗暴："一个人自在，自己吃饱全家不饿，更不用费心照顾别人。这样玩起来才尽兴。"

我们无法以好坏评定小朱的行为，决定每一种选择的因素有很多，家庭环境，成长经历，现在的生活状态，等等，它们相互交错在漫长的时空岁月中，逐渐造就了独行主义的他。但是与他形成鲜明对比的是另一个朋友，王小姐。

王小姐也是一个热爱旅行的人，她的梦想不大，没有环游世界的伟大憧憬，只想游遍中国的大山名川，把祖国的样子印在心中。但她从不会独自上路，每一次都是带着家人一起行动。年轻时是带着父母旅行，后来结婚生子，便和老公带着四个老人和儿子一起旅行。每一年，王小姐都会花几个月的时间选择目的地、详尽地计划路线、做旅行前的各种准备。

为了旅行质量，为了行程安排能照顾到老人和孩子，王小姐一家从不报团而是选择自由行，但这也意味着出发前无数的准备工作和旅行中难以预料的各种状况。每一次旅程都是甜蜜而又痛苦的，考虑到行动不便的老人，行程不可以太紧，要有充足的休息时间，住宿必须有保障；考虑到年幼的儿子，每一餐都要尽可能干净卫生不对付，反而是他们夫妻两个基本没有要求。

每次旅行归来，王小姐也会抱怨旅行中的种种不顺利，但不可否认她是沉浸在幸福中的。王小姐是个热心的女人，会向朋友们推荐各种适合全家旅行的城市，哪里的住宿安静舒适，哪里的食物适合老人孩子吃，她都能讲得头头是道。

朋友们当然也会好奇，旅途明明可以选择与丈夫带着儿子轻松地出发，或者自己带着父母来一次舒适的养心之旅，为何要选择一大家子凑在一起呢。王小姐拿出手机给朋友们展示旅游时的相片，看着全家人的合照她说："因为我喜欢看到所有人都开心满足的样子。"她一张一张翻看着照片，讲述拍照时发生的趣事，"他们年纪都大了，我和爱人平时也没有多少时间陪着老人，每年就这么几天，累点算什么，趁着还有机会给一家人多创造些美好回忆，也是给孩子做榜样。"

王小姐说："父母那一辈为生计忙活了大半生，年轻时没有机会出去走走，现在老了当然要补上。我们不会挑选遥远偏僻的地方，一般只选择一个城市——一家人在一起才是最关键的。儿子也能在这样的旅途中开阔眼界，学会照顾老人，何乐而不为呢。"

王小姐与小朱就像两个极端，一个极简单一个极冗杂。也许他们心中都是幸福的，也许他们都曾羡慕过对方的生活。但是生命无常，有些事情一旦错过了就再也无法弥补。父母垂垂老矣，再多的美食可能也分辨不出，再美的风景也没法让他们全部记在心里，但是旅行的意义对于他们并不在此。旅行对于他们是团圆，是陪伴，是一种可以依靠的心安。

回想童年时父母照顾我们时，从不怕苦喊累，也没有因为年幼的孩子无法自理而失去耐心。为何现在面对老去的父母，孩子却不能做到如此呢？因为父母的一句“带着我们是添麻烦”，就理所当然地舍弃他们，独自逍遥自在；因为父母反应慢了、动作迟缓了、要求变多了，反而成为需要被照顾的对象，就只能留在家中颐养天年吗？那只是你嫌累、怕麻烦的借口罢了。

我们总是在讨论，忙碌的工作生活中怎样才能给父母更多的关心与陪伴。旅行就是一种不错的选择。周末在家睡懒觉、看剧的时候，何不带着爸妈来一次近郊游；去看望父母时，与其坐在沙发上看电视，不如带着老两口去新建成的公园转一转。只要有心，再简单的旅行也是难得的回忆。和老两口再拍一次照片吧，虽然父亲已是满头银发，母亲也佝偻了腰。

我们的国家正飞速发展、日新月异，带着被“困在”家中的爸妈出去看看，让他们在晚年也能感受到新鲜美妙的生活，给他们辛苦的前半生一个美好的交代，感谢他们，感谢那一代人用超越一切的意志力为我们创造出如今的繁华。

你应该更努力，因为你在跟时间赛跑

成功是一个生活中的高频词汇，尤其是当你年岁渐长的时候，有越来越多的人在身边，念叨着关于“成功”的一切。他们不断地描摹着关于成功之后的美好场景，力求让每一个年轻人相信，符合社会普遍价值观的“成功”，会给所有人都带来好处，是比理想、信念、个人诉求更重要的东西。

对大多数人来说，这样的观念也是愿意接受的，但总有一些人厌倦“成功”，厌倦了按照旁人所设计的模式活着，厌倦了追名逐利，他们更愿意去追求自己想要的东西，而不是别人想让自己做什么。尤其是年轻人，年轻意味着机会，意味着与众不同，意味着敢于尝试，所以每一个年轻人的内心，都曾对世俗的“成功”报以或多或少的不屑。他们如同初春的野草一样，在自己的生活当中肆意生长，哪怕没有一个必然要成功的目标、方向，也依然生机勃勃，活出自己的风采。

所以我想要说，我们不应该为了成功而去努力，为了成功而做出的任何行为，都是本末倒置，我们所做的努力、所走的道路，不是为了成功，而是我们在这条路上一直坚定地走着，最终才会收获成功，成功只是千千万万个结果当中不那么特别的一个，没有人能够对成功有一个合适的定义，只要你觉得自己成功了，就足够了。

但同样，我也认同，我们应该更加努力。有些人因为厌倦成功，厌恶名利，所以过于淡薄，在他们眼里，一切努力，一切费尽心力要去达成的目标，都是不值得追求的。享受生活，享受当下，才是这些人内心的最高准则。这种对成功的过分鄙夷和对生活中一切困境的逃避，让他们完全失去了努力的信念。然而他们忘了，他们正在跟时间赛跑，每一次不努力和放弃，都会让时间白白流逝，甚至造成永远的遗憾。

杨是我在这个城市里认识的第一个人，他特立独行，十分出众。虽然出身于一个普通家庭，但并不影响杨具备极高的审美素质和艺术品位，他的主职是IT工程师，但在这之余，他还是一个小有名气的摄影师。

和身边的很多人不同，杨虽然也从事着枯燥无味的IT工作，但内心的烂漫思想一点都不少。他渴望自由、享受、快乐等一切年轻人向往的、在社会当中逐渐磋磨掉的美好事物，所以这让他在很多时候看起来缺乏上进心。

“我不想成为一个追名逐利的人，做一个简单的普通人，在闲暇时间去享受生活，这不是很好吗？”对杨来说，这就是他的人生最主要的信条了。

所以，明明更努力一点，就可以做出好的项目，升职加薪，杨也更愿意去走街串巷，拍一些喜欢的照片，或者享受一杯可口的下午茶。我们有时候会羡慕他这种“单身贵族”的调调，又很好奇，杨难道一点压力都没有吗？

“我父母给了我很大的宽容，他们从来不催促我找一个对象结婚，或者成为年薪多少的人，也不期盼我给他们多少钱养老，他们希望我快乐。所以，真是感激他们，如果没有这么开明的父母，我真不知道要承受多少压力呢！”杨常常这样说。

是啊，没有压力的人才能这样坦然地享受生活，在现如今这个年轻人负担极重、过早衰老的大环境下，还有多少人能像杨一样生活呢？我一度非常感慨而羡慕。

然而，事实却是——压力给我们带来困扰，却也会让我们明白努力的必要，更会让我们成长。杨的父母从没有将压力交付于他，是因为他们承担了所有能够承担的压力，不愿意给自己的孩子一点影响。去年，杨的父亲患上了一场大病，虽然结果很幸运，现在已经出院，恢复了正常生活，但是杨却因此受到了很大影响。

“我发现，我已经是年过而立的人了，父母老了，需要我照顾了，我却一点忙都帮不上。”杨抽着烟，这样跟我说。在医院里，当他交完了住院费之后，发现自己的银行卡已经空了，他才感到恐慌起来。

这些年的快乐与享受，让他完全没有意识到，他还有一双年迈的父母可能要依靠他，而他们的时间，已经不多了。他们偶尔也需要孩子的陪伴，也想在无助的时候得到孩子的帮助，也想看着孩子有一个美好的、让自己放心的前途。然而这些，杨都没有做到。

他很少回家，因为大城市里的生活丰富多彩，让他忙不过来；他没有存款，甚至每个月的信用卡消费都比自己的存款要多，钱总是如流水般花掉了；他不是很努力，连他自己都不怎么在乎未来，又怎么会考虑到别人的想法？

他是一个享乐主义者，却没有想过承担一点压力，或者努力一点。他一直在为自己活着，这样当然很自由，但却忘了，他还有一双父母，已经经不起时间的消耗了。

也许他应该更努力一点，不仅仅是为了自己，也是为了父母。让爱自己的人，在有限的时间里能够得到足够的爱的回报，是一种比享受更幸福的事情。

杨很是努力了一两年，换了大房子，每年都把父母接来住半年，空闲时间带他们出去转转。这并没有影响他的日常生活，只是需要他更努力一点而已，对一个年轻人来说，这样不是很好吗？

如果你不是一个全然的享乐主义者，就应该明白，应该更加努力一点，因为你和你的父母都在跟时间赛跑，而你们的时间总是一点一点变少的。年轻人的成功总是需要足够的时间，但父母却在一点点变老，他们不能等你，也没法等你。如何让自己的努力跑过父母衰老的时间，是很多人所面对的一个巨大的矛盾和一生中重要的命题，如果你还没有意识到这一点，那将是极为可悲的。那些人不会永远在你背后等你，他们总有一天会离你而去，在这有限的时间里让你和他们都享受到快乐的时光，是每一个人都应该去思考的。

别让他们等你，别在这场赛跑当中输给了时间，也许你应该更努力一点。

给爸妈“添添乱”，会让他们更幸福

每当想起亲情，想起父母或儿女，我们的脑海当中最常出现的一个关键词，往往是付出或奉献。爱就是付出，就是尽自己最大的可能，让对方的愿望得到满足，让他们享受到全方位的照顾，这是大多数人都认可的。但有些时候我要说爱，其实就是给对方添麻烦，偶尔去给他们添麻烦，也许你的父母会得到更大的满足感。

可能你不会认可，尤其是对于那些已经成家立业，拥有了一定自主权，能够掌控自己人生的人来说，他们更耻于向父母添乱。是啊，年幼的时候我们太过弱小，我们不够懂事，给父母造成了太多的麻烦，添了太多负担。既然如此，当我们终于长大成人的时候，为什么还要去给他们增添不必要的麻烦呢？明明有些事情可以自己解决，明明有些事情不必让他们知道，我们又为什么给他们徒添烦恼呢？

然而你没有想过，当你在为父母付出爱的时候，你会觉得是一种幸福，同样他们也习惯了为你付出，如果能给他们一个继续付出的机会，他们同样也会感到幸福。在过去的几十年里，那些永远站在你背后的人，你的父母、亲人，已经习惯了为你做些什么。所以当你离开他们，向他们展示出自己的能力，告诉他们“我一个人也可以过得很好，我也可以做到”的时候，父母不仅会感到欣慰与放心，也会有一种怅然若失、怀于内心的失落。

“是啊，我们老了，已经不能为孩子做什么了。”

往往在这个时候，他们才会第一次感受到自己的衰老和无能为力。当他们已经习惯了付出，却在有一天被人告知不必付出，他们感受到的绝不仅仅是轻松愉快，更多的是一种无奈。那些已经习惯于关爱你，为你付出的人，其实更希望能够在力所能及的地方帮助到你。所以满足父母付出的愿望，比你单纯的为他们付出，更能让他们感到快乐。

把握好这个分寸，偶尔给爸妈添一些他们力所能及可以解决的麻烦，对彼此而言都是一件好事。不管你长到多大，都还是有机会感受到父母的关怀与帮助；而不管他们在别人眼里是怎样的衰老，依然是自己的孩子不可或缺的那一片天空。你给父母添的乱，其实就是给他们增添的满足感，能让他们更有自我认同感，让他们不会否定自己的价值。

“对老人而言，他们最大的悲哀就是无法在社会上找到自己的价值，他们最怕自己是可有可无的，如同被抛弃了一般。”我的一位美国朋友这样形容他们的社会现状，而我也深以为然。

我们常常在新闻中看到那些年逾古稀的老人，因为种种原因，不得不奋力撑起一个家，他们可能贫穷，可能衰弱，但你不能否认，他们身上仍然有着勃勃的生机，因为他们不能倒下，他们身上还肩负着一些责任。从某种意义上讲，这是一种悲哀，在该颐养天年的时候却要吃苦受累，是社会和家庭做得还不够。但从另一个角度上你也会看到，这些老人正因为自己还要付出，所以内心始终不曾放松过，才能够咬牙坚持下来。他们知道自己的存在对家庭有无法取代的价值和意义，所以才活得坚强而充满生机。

我的一位朋友就以自己的亲身经历证实了这一点。年幼的时候，他的父亲就去世了，母亲一个人凭借着瘦弱的身躯，养大了他们兄弟俩。朋友说最艰难的时候，母亲要打三份工，他身为哥哥，要照顾弟弟，白天上学，下课之后就去捡瓶盖、铁块卖钱，有时候还去钢厂“偷”那些没人要的废料。就这样磕磕绊绊的，两个人都长大了，也都读了大学，有了一份在那个年代看起来很体面的工作。

那时候他最怕什么呢？朋友说那时候母亲就是他们的天，他最怕的就是天垮掉。他总觉得自己的母亲身体不太好，常常头痛腰痛，却咬着牙，不肯去医院看病——她怕呀，怕自己真的有了病，这个家就完了。朋友每次看到母亲犯病，看到她身体不好，就又心痛又紧张，他又想开口，让母亲去医院看一看，又惶恐，怕母亲真的有了什么大病症。

一家人就这样在紧张与困境当中熬着。幸运的是，十几年过去了，母亲一直都没有什么大病，而他也终于迎来了能够掌控自己的生活，成为母亲和弟弟的天的时候。那时候他意气风发，他想，从此以后他一定再也不让母亲工作了，不让母亲干一点活，让她当一个颐养天年的老太太，让她也享享福。

朋友实现了自己的想法，他买了房，把母亲接到了城里，给她请了一个保姆。平时别说让母亲工作了，就算她想自己洗衣服，保姆也会立刻接过来，让老太太去一边休息。一开始，母亲总是喜笑颜开的，心里特别美，可后来，她就觉得内心空空的。

“我老了，没用了。孩子孝顺，不让我干活，可不干活又能干啥呢？我不就成了他们的拖累了吗？”老太太心里总是这样想。

老人家一辈子都在付出，这让她知道，自己是遮风挡雨的“母亲”。而现在，她的儿子长大了，足够照顾自己了，已经用不到她了，她就觉得自己应该“功成身退”了。

生活中没有了需要操心的烦恼，反而会让人失去生活的意义。终于有一天，老人病倒了，差点就没能再见到自己的孩子。

朋友当时几乎要崩溃了，他在母亲的病床前哭着说，自己还没有孝顺母亲，她不能走；弟弟还没有娶媳妇，母亲还没看到孙子孙女，要是有了孩子，还得麻烦母亲照看呢！没有母亲，他都不知道怎么带孩子……

老太太本来已经没有什么精气神了，可就在听到孩子要拜托自己照顾孙子孙女时，她突然有了力气——我的孩子还需要我呢！就凭着这一股气，她总算回转过来。

后来朋友告诉我，他总算是发现了这里面的窍门。只要一提到有什么事要麻烦母亲，母亲总是容光焕发的。哪怕只是简单地让母亲帮忙做一顿饭，她都会很开心。当孩子需要他们时，父母总是最快乐的。

所以偶尔给爸妈添添乱，别觉得他们老了，你就不好麻烦他们了——当然，你添的麻烦也要有个度，不要真的让他们愁得茶不思、饭不想。给父母一些他们能力所能及、能帮助到你的机会，他们会非常开心，并且感受到子女对他们的需要。这种精神上的抚慰，比你给他们再多的物质资料，都更能让他们满足。

爱是彼此关心，是彼此付出，永远不是一件单方面的事情。所以，如果你爱他，也给他们一点付出的机会吧！

第4章

抓住机会，才不会让努力白费

选择不对，努力白费

若人生是一股洪流，有的人选择顺流而下，顺势而为，有的人则抓住机会选择逆流而上，做抗压而行的那一个。

顺势而为会很舒服，但人不能只会顺势而为。我们总要有勇气、底气、运气，选择一个逆流而上的机会，因为区别于旁人，所以若能创造价值，才会远超他人。

让你脱颖而出的，不是无数次的顺流而下，而是一次逆流而上。要有顺势而为的想法，但一定不能丢了逆流而上的勇气与能力。

逆向而行，不等于格格不入

职场，充满了竞争，每天上演着或励志或失意的戏码，一个体现着各种各样人性的社会大染缸。它让初入社会的小白瑟瑟发抖，也给真正的人才大展宏图之机。职场生活占据我们一生一半的时间，也是我们每个人都无法绕过的话题。

无论工作好坏，无论混得如何，每个人对职场都有自己的处事之道。进入社会，喜欢与人争斗的，一个破办公室政治都能玩得步步惊心；喜欢闲云野鹤的，五湖四海都可以放浪形骸。无论我们如何选择，想要进入更高的层次，不止需要工作能力，更需要为人处事的智慧。有句话说“心随精英，口随大众”，大概就是行走江湖立于不败之地的智慧。

有的人性格刚正不阿，眼里从来容不下一粒沙子，看不惯同事们蝇营狗苟，瞧不起领导们沆瀣一气，惋惜年轻人胸无大志，嘲笑同龄人未老先衰、混吃等死，无论哪路人，都比不得自己积极向

与莉莉的高冷相反，东东性格开朗，她成绩平平，大学毕业就参加了工作，虽然工作不突出但平日里朋友遍天下，是个把酒言欢与青春做伴的性子。东东用茶匙搅一搅面前的红茶并加入一块方糖，缓缓开口道："亲爱的你看，这方糖晶莹剔透还散发着诱人的香气，但是被投到茶杯中，却只留下了丝丝甜味。这社会就像这杯红茶，任你是方糖砂糖还是枫糖，只要进入社会这碗茶就不能独善其身。"

莉莉不以为意，夺过糖罐子愤愤道："那你的意思是，我要和他们同流合污咯？"

"当然不是，这糖虽然融入了茶水，但依然保留了自己的甜味。你得明白逆向而行和格格不入的区别，"东东笑着说，"你呀，就是太高冷了、太生硬了。保持自我固然重要，不想与同事一样沉沦也没问题，但是完全独立于职场生态，必然失去养分，成为无人问津的小白菜啊。"

也许你常以为自己看透了周围的人、事、物，为自己的小聪明沾沾自喜，认为自己与环境格格不入，没有人能达到自己的境界，于是孤独地逆流而上，拒绝与任何人为伍。同事团购聚餐不参加，午休时的闲话不加入，以为这样就是更高雅、更精致、更高级的生活。而那些每日浑浑噩噩的庸人，他们趣味低级，他们生活粗糙，仿佛沾染上他们就会被拖入无底深渊。但终有一天你会明白，没有人的生活是容易的，那些被电视剧小说包装的"精致生活"是不存在的，而曾经你高高扬起的头，也终有一天会被生活的大手按下。

要激流勇进也要顺势而为，孤独的行者也需要他人的温暖。如果总认为自己与他人格格不入，是不是也该从自身寻找原因，放平心态，放下莫须有的优越感，学会与世界和平相处。你可以不与同事交好，可以不做朋友，可以有自己的坚持与态度，但是也请你学会尊重别人，尊重每个人的选择。我们都是平凡的普通人，有着自己的幸与不幸，何必那么焦躁、充满戾气，与这个世界和解，也是与自己和解。选择没有高低贵贱之分，融入这个社会才能更好地利用身边的资源，走更远的路，看见更美的风景。

学会有选择的“逐流”，生活得更加轻松

随波逐流永远不是正确的选择，如果你只会人云亦云，只会跟着别人的脚步走，只会选择大众的选择，那么你永远只能成为一个普通人。所以，不管是在工作中还是生活里，随波逐流、从众而为从来不是一个有思想的人应该做的，但这并不意味着，“逐流”就一定是错误的。

应该做的是有选择的“逐流”，如果经过慎重思考和选择，发现逐流而为比逆流而上更正确，那就不要担心别人说你“从众”，就应该去顺势而行。其实，逐流也好，逆流也罢，都不是做事的方

向，我们应该做的是“顺心而为”。只要相信这是对的，能够证明这是对的，有信心且坚定，不管是“逐流”还是“逆流”，都可以让我们一往无前。

如果追逐正确的方向，这种有选择的、经过思考的科学“逐流”，不仅能给我们带来成功，还能让成功来得更快一些。

有选择的逐流，不仅是普通人要去决断的，成功者也一样经历过这样的时刻。比如雷军，他在逆流而上十几年之后，终于找到了一条正确道路，那就是“顺势而为”。这并不是从众，而是他经过十几年的思考而找到的一条从心之路。

“站在风口上，猪也能飞起来。”这句掷地有声的狠话，如今已经成为“雷军语录”中流传最广的一句。然而，风口始终存在，却不是每个人都能顺势获得成功。

要乘着风口的东风一路翱翔，先得学会找到正确的风口，然后——站上去。多少人都曾预见过下一个风口，却始终没有迈出最后一步，没有抛弃以往的成就并站在风口上的勇气，自然也就与成功失之交臂了。

雷军做到了，即便这一步他足足走了十几年。

雷军是中国互联网行业的“老前辈”，武汉大学计算机系的风云人物，年少成名，青年得志。当他成为金山的总经理，敢在国内市场上跟微软较劲的时候，马化腾还是个刚毕业的年轻人，老老实实在电信局上班；李彦宏尚在美国读书，还没赚得自己的第一桶金；马云每天像传销人员一样，到处安利自己的“中国黄页”；他的老乡周鸿祎，还是个战战兢兢仰视他的后辈……雷军的成功比上述诸位要早得多，但后者却接连乘着互联网的东风崛起，甚至一个个冠上“中国首富”的名头。

此时雷军才发现，自己看到了互联网的巨大潜力，却被过去的成就“圈”住，错失了太多机会。在金山的十六年里，他呕心沥血在软件领域打拼，付出的勤奋与辛劳不比任何人少。然而这是个相对成熟的市场，进一寸有一寸的艰难，而此时的其他领域，还是没有人踏足的“蓝海”。所以，别人可以用十分之一的努力，以更快的速度获得是他十倍的成功。

“人还是要顺势而为。”一向逆流而上不服输的雷军，在不惑之年发出了这样的感慨。所以这一次，当他遇到移动互联网这个新风口时，毫不犹豫地迈步走了进去。

人到四十，往往一心求稳。对大多数人而言，这是个应该安享过去成功的年纪，事业好坏，似乎在前半生就已经定下，奋斗、拼搏都是年轻人才有的词汇，“创业”二字更是与中年人毫无关系。就像雷军所说，人最痛苦的莫过于“得不到”和“怕失去”，享受过成功就不想再冒险，因为不想失去。是怕失去财富、地位，还是面子？这就见仁见智了。

雷军已经足够成功。前半生累积的身家，让他可以说出“除了钱一无所有”这样的话，但他还是放弃享受财富，与安稳生活告别，毅然加入“创业者”的大军中。这次，他是个彻头彻尾的新人。

“这个世界上每天都有人输，别把它太当回事。”雷军谈起自己的第三次创业时，心境格外不同。

2009年，他正式决定涉足手机行业，这个决定很需要勇气。在互联网领域打拼近二十年的雷军，接触的一直都是软件领域，软件和硬件，是截然不同的两个行业。举个最简单的例子，他搞了二十年软件设计，说起程序头头是道，却可能连一个硬件代工厂家都找不到；他可以跟软件业大佬称兄道弟，却可能连一顿饭都没跟富士康老板吃过。抛弃以往全部的优势，他可是给自己找了个“大麻烦”。

不过这些麻烦对雷军来说都不算什么，他认准了这条路，就会拼上十二万分的狠劲。最终，他的跨行业之路走通了，他拿着最后的船票，登上了互联网这个庞然巨擘。

所以，有选择的“逐流”，就应该像雷军这样，不是因为别人这么做我才这么做，而是因为我发现这样做是对的，我才这么做。同样都是正确的路，逐流显然比逆流更轻松，毕竟大环境如此、大势所趋，付出的会更少，面临的困境会更小。但这不意味着就不需要努力、不需要克服困难了，只用借力成功，在选择之后，拥有破釜沉舟的决心和努力，才能走上正确的“逐流”之路。

我们常常妥协，但不能丢弃原则

现在社会上，许多劣等的“成功学”如同毒鸡汤一样，侵蚀着每个渴望有所成就的人的心灵。这些成功学偏执地信仰成功，认为不择手段才能成功、没有下线才能发迹、原则低的才能站到最后。然而若是真的跟着这样的理论走，最终只会成为被社会淘汰的渣滓，绝不会成为成功登顶的那一个。

真正能够长久的成功学，莫不强调“原则”二字。原则是一个人为人处世的最低警戒线，一个失去警戒心的人，不知道自己做的什么是对、什么是错，只知道跟着金钱、权力和欲望前行，最终即便获得了这些，也会失去自我、失去自由甚至生命，因为他们从一开始就走错了。只有过有原则的人生，才能时刻看到为人处世的那条参照线，知道自己的行为距离原则有多远，明白自己要走的方向，始终站在不可逾越的安全区里。

这样的人，即便成功得不那么快，也会走得很稳。

相反，丢弃原则、只为了“成功”而努力的人，早晚会因为自己毫无下线的行为吃亏受罪。首先，这样的人不容易获得朋友和合作者，他们能够为了成功抛弃一切、为了发展忽略其他，这样没有原则就会让他人没有安全感——在交情和利益面前，他们会选择什么一目了然。所以，这样的人身边聚集的都是为利而来的人，没有利益的时候、遇到困境的时候，就会出现“树倒猢狲散”“人走茶凉”之景，不会有真正的朋友伸以援手。

其次，这样的人很容易游走于规则边缘，一时“湿了鞋”，就可能被打入万劫不复的深渊。谁都知道，规则边缘的漏洞最好钻，游走于明暗之间的钱最好赚，那些打着法律擦边球、涉足灰色地带的人，常常牟取着别人难以想象的暴利。但是，无原则的人的结局往往是一致的，那就是因为触犯了法律和规则，毁掉所有的基业甚至失去自由。

最后，没有原则就无法获得别人的尊重，失去了尊重，就永远与成功不沾边。这样的人即使获得了财富，在社会上也是备受唾弃，在人群中也抬不起头来，他们活得没有尊严，不过是散发铜臭的皮囊而已。他人的认同感和尊重，是身为人需要的重要情感，而这需要我们用原则来维护。

不要以为不择手段地忘掉原则，自己就能更快接近成功。这样的人看似获得了小利，失去的实则是一个更广阔的未来。

三国时期，曹操的势力最大，而刘备最开始不过是个没落的汉室后裔、一个乡下编草鞋的村人，为什么曹操最终却奈何不得刘备？究其原因，曹操为人处世缺乏原则，“枭雄”气太过浓厚。

曹操原本有极好的筹码，首先，他有“挟天子以令诸侯”的便利，名义上是维护汉室正统的丞相，做事名正言顺，本可天下归心；其次，他手下文臣武将无数，个个也是忠心耿耿、能打敢拼，不比诸葛亮、关公差到哪里去；最后，他自身拥有极高的政治素养，仗也打得，国也治得，比个遇事只会哭的刘皇叔强了百倍。

但是他却有个极大的缺点，那就是做事“不择手段”，毫无原则、下线可言。能说出“宁教我负天下人，不教天下人负我”的话，可见曹操的原则几近于无，而这样的人行事作风必然过于酷烈阴狠，旁人看了自然有判断，所以曹操就失了民心、失了人才。

他求贤若渴，广招谋士，但手段却很没原则。曹操看上了徐庶这样的智者，想让他为自己出谋划策，但是徐庶看不上曹操的为人，不愿意与他这样的枭雄同流，拒绝了。诸葛亮也曾经拒绝过刘备，但刘备选择了三顾茅庐，通过尊重打动了诸葛亮；徐庶拒绝了曹操，曹操选择的却是掳来对方的母亲，连逼带骗地把徐庶弄进了曹营之中。

强扭的瓜不甜，曹操没有原则的行为让徐庶“进曹营而一言不发”，最终不仅没有获得这位谋士，还留下了不好的名声，无形中失去了更多有才之人。这就是毫无原则的行为带来的隐性后果，曹操以为自己选择了一条更快、更简单的成功之路，殊不知这种行为给自己造成了更多麻烦，拖慢了发展的脚步。

若是曹操能学得刘备在为人处世当中的原则，不那么随心所欲、不总是打破下线，恐怕东汉的统治还要早几十年结束。他以为自己走了一条捷径，其实正是自己“枭雄”的形象、不择手段的行为才让自己一生壮志未酬。

所以，没有原则只会让人在短期、在表面上获得一点小利，但你的缺陷也暴露在了周围人的眼中，从长远看是不利于发展的。过着没有原则的人生，你所获得的跟失去的相比，不值一提。

是原则让我们成为一个有尊严的人，让成功也变得更加长久。一个做事没原则的人，即便富有也不会获得别人的肯定，也不会有相应的社会地位与尊严；但一个有原则的人，就算一贫如洗，内心也强大精彩。

在20世纪的美国经济大萧条时期，许多人失去了工作，也许过去他们是体面的律师，是和蔼的教师，是家庭幸福、薄有资产的商人，但在大萧条面前，他们通通变得一贫如洗。贫穷，让许多人抛弃了自己的原则，在活下去面前，所有的不择手段似乎都是值得被别人原谅的。正因为整个社会有着这样的气氛，人们纷纷抛弃原则，所以才失去了生活的希望。

然而，在这个偷窃、欺骗、抢劫司空见惯的时候，还是有很多人在坚持自己的原则，保有自己的尊严。那可能是极其平凡的一天，一个看起来有些不同的流浪者敲响了一栋住户的家门。看得出来，虽然他已经无家可归，甚至可能连续几天都没有获得过足够食物，但却依旧试图让自己保持整洁，维持一个足够体面的外表。

前来开门的是一个老妇人，她看起来年纪很大了，长期在乡村自给自足的生活，让她与丈夫没有受到大萧条的影响，也因此而有余力帮助更多的人。她看了看这个流浪者，以为他跟前面所有来乞讨的人一样，就友善地点了点头，准备给他一块面包和水。

但这个男人并没有接受，反而说了这样一句话：“有什么我可以帮得上忙的吗？我可以为您做工来换取一块面包。”

“这块面包就是给你的，你拿着吧！”老妇人显得非常慷慨。

然而这个男人十分坚持，一定要用自己的劳动来换取食物。这是他的原则，即便失去了自己的工作，他也绝不肯不劳而获，正因为如此，他才能够在流浪的时候依旧保持着足够的尊严。

他也赢得了别人的尊重，至少老妇人听到他的话语后，深受触动。于是她邀请这个年轻人帮助自己和丈夫整理菜园，并告诉他："如果你愿意，最近每天都可以过来做这些，我不会给你更多的报酬，但可以提供一顿饱餐。"

男人非常惊喜地答应了。他凭借着自己的自尊和原则，在这个萧条的时代获得了一份短期的工作。同样，他的为人处世原则也决定了他的人生不止于此。

这样一个有原则的人，即便一时之间处在人生的低谷，也拥有巨大的人格魅力和感染力。人们不会因为他的贫穷而不尊重他，不会因为他的落魄而看不起他，因为他是一个有原则的人。

这样有原则的人终究是会成功的！

坚持底线，才是真正意义上的高质生活

无规矩不成方圆，在做人、做事的过程中，总要遵循一定的规则。这种规则可能是外界给予的，也可能是自己设定的，这就是一

个人为人处世的准则。

这种准则决定了你会成为一个怎样的人。很多时候，底线原则也是与它挂钩的，一个人的底线原则如何，就说明了他给自己设定的处世规则边界是怎样的，我们大多数时候都是在靠着底线约束自己、规范自己，所以做人也好、做事也罢，这个行走于社会的准则是以底线作为边界的。

底线决定你的做事准则，你的做事准则，决定了你的格局大小。在社会上，一个格局大的人也许未必成功，但成功者的格局一定不会小。所以，塑造格局是人生必经的一课。

怎样的格局算是大格局？这个问题的答案非常复杂，大格局代表有长远的眼光、有严格的自律性、有卓越的领导力、有成熟的世界观……要我们简单地描述出什么样的格局叫作“大”，很不容易。

但是有一点显而易见，只有有底线、底线高的人，才有讨论格局是不是够“大”的能力。底线就是格局的准入证，是一个人能走多远的基础，没有底线，一切都是虚的。

我们经常说，底线要坚持。如何坚持？怎样才叫坚持？坚持底线并不是将它始终挂在嘴边，而是在做事时，不论何种情况都不越底线一步，这才叫坚持。有些人总把自己的底线定得很高，看似很有原则和道德，但在遇到涉及底线的问题时却总摇摆不定，这就是不能坚持底线。

关键时刻，千万不要告诉自己“打破一次底线也没问题”，当你跨过底线一次，就意味着你的底线已经变了，就意味着还会有第二次、第三次、无数次。

底线就像欲望悬崖边的警戒线，每个人都会被欲望的深渊所吸引，也许人人都知道它深有万丈，滑落下去便粉身碎骨，但却总是抗拒不了来自深渊的邀请。我们心存侥幸，觉得自己会是特别幸运的那一个，觉得自己要的不多，只要在悬崖边摘一束花、取一株草，获得一点欲望深渊的馈赠就好。殊不知，当我们因此而跨过底线这条警戒线时，就意味着随时可能步万千侥幸者的后尘，成为又一个被欲望俘获的倒霉蛋。

我曾经跟朋友一家出门游玩，正巧赶上学生毕业画展正在拍卖画作。朋友的女儿非常喜欢其中一幅画，我就想将它买下来送给她。

朋友却制止了我，她问自己的孩子："你喜欢这幅画吗？你觉得你最多可以出多少钱买下它呢？"

"那……就五百元吧！"小姑娘年纪不大，眨巴着大眼睛说了一个数，在她眼里这已经是非常高的价格了。

"如果这幅画最后的价格比五百元要高怎么办？"

"那就不买了。"小姑娘咬咬牙，下了这个决定。

"好，那你要记得，五百元是你买这幅画的底线，如果超过这个底线，我们就不能买了哦！"朋友跟孩子商量好，就参加了拍卖。

当拍卖到这幅画时，我们发现竞争者并不像想象的那么少，很多人都看上了这幅画，竞争进入了非常胶着的状态。当画拍卖到接近五百元的时候，明显感觉到朋友的女儿开始紧张了。

不出所料，最终的价格果然超过了我们的预期。当价格冲上五百元的时候，孩子非常失落，几乎要哭出来了，非常渴望地看着她的妈妈。我知道，她这是希望妈妈能再多出一点钱，帮她把画拍下来。

可是朋友却摇了摇头，不仅如此，她还偷偷看了我一眼，让我也不要继续拍卖。我非常不理解，趁着孩子没注意时问道："为什么不把画买下来，反正也没比五百元多多少。"

"我要让她学会克制自己的欲望。"朋友认真地说，"我们都有迫切想要的东西、迫切想做的事，但并不是每一次都可以拿到、都能去做，所以克制欲望是很重要的。她已经提前设定了自己的底线，就不能随便变动，否则以后一定会成为一个没有原则的人。"

对此，我深有感触，这是无数成年人都没有经受过的教育，而我也跟着朋友年幼的女儿上了一课。拍卖场是最容易放大内心欲望的，当你看到价格在一点点攀升、最终超过心理预期的时候，大多数人想到的不是"超过了我的底线，我要放弃"，而是"反正没差多少，万一我能拍中呢"，所以不知不觉间就花掉了远超出预算的金钱，买下了清醒后可能会后悔的东西。而这不过是缺乏底线和原则的最微小体现罢了。

在这个过程中，我们的底线在不断动摇、不断变化。当我们一次次向内心的欲望投降而调整底线时，就意味着我们已经失去了自己的底线，只是自己没有意识到罢了。

底线，如我们之前所言，就是一个人做人、做事的警戒红线，超过这条线的事一概不做，超过这条线的好处一概不拿，这样才是一个坚守底线的人。

底线需要坚守，不能坚守、时刻动摇的灵魂不是有底线者该有的。既然是做人的警戒线，就具备“唯一性”，没有商量的余地，没有动摇的权力。从长远角度看，我们可以因为年龄、阅历的变化，在某些阶段改变自己的底线，这是可以理解的；但在每个时期，只要确定了底线、画好了底线，就不能随意改变——一旦变了，就不再是底线了。

所以，底线需要坚守。它不是一时的心血来潮，今日想起便坚持，明日忘记便放弃，那只是摇摆不定，比毫无下限的人更不值得尊重。只有长期坚守下来的，才能称之为“底线”。把底线刻在心里，永远不跨越，永远不动摇，才能称为是一个有底线的人。

做一条逆流而上的鱼，才有化身成龙的机会

当一条鲤鱼逆流而上，跃过龙门后时，就有机会化身成龙。人们没有机会见证鱼跃龙门的传说，却习惯于用这个词汇来形容那些逆流而上、奋力拼搏、最终获得成功的人。

贫寒的学子，十年寒窗，一朝金榜题名是鱼跃龙门；战败的君王，卧薪尝胆，报仇雪耻，也是鱼跃龙门。鱼跃龙门就是逆流而上的人能够获得成功的最完美的诠释。

它也昭示了逆流而上是一件多难以坚持的事情，能够在逆流而上之后获得成功，是一笔多么可贵的财富。

世上有千千万万条普通的鲤鱼，在跃过龙门之前，它们的生命平凡而脆弱。逆流而上的鱼本就是其中极少的一部分，最终能够跨过考验、化身成龙的更是少之又少。所以这不仅仅是努力，更要有坚持的信念，还有极大的幸运。

世界上没有可以一帆风顺的小道或者捷径，不管是逆流也好，顺流也罢，只要选择了一条自己认为正确的道路，就应该坚定地前行。

一个人的人生取决于选择和选择之后的努力。选择走什么样的路，几乎决定了你未来一半的命运，而另一半则掌握在你的努力程度上。如果一个人选择逆流而上，意味着这个过程当中需要付出更多的努力，一旦获得成功，也必然是令人惊叹的。

我的朋友小新就是一个选择逆流而上的人，我非常敬佩他。读大学的时候，我们是同班同学。

小新的父亲在家乡是一个略有所成的企业家，经营着一家规模不小的食品加工公司，所以小新的生活环境十分优渥。父亲对他也没有特别高的期许，常常对小新说："我之所以努力经营，打下这一片江山，就是为了你们这些孩子以后可以过得更幸福，更自由。

所以不要怕，你想闯就去闯，不想闯了就回家来，爸爸还有产业留给你呢！”

没有望子成龙的父亲在后面耳提面命的鞭策，也没有生活的压力迫使他拼命奋斗，这简直是我们生活当中最羡慕的“富二代”了。小新也说，他周围那些情况差不多的朋友大多数都缺乏上进心，懒得去打拼自己的事业，更愿意在结束学业之后回家继承企业，在父亲手把手的教导之下成为家族企业的管理者。相对而言，这是最顺利也是最轻松的一条路了。

小新却不同，他没有从众，也没有像自己的其他朋友一样选择一条顺利之路，尽管这条路显而易见的可以让他更加轻松，活得更加舒服。

他选择了出国，在大学毕业之后就一个人去异乡打拼。在国外读博士的日子非常辛苦，繁重的学习压力常常让他一天睡不了几个小时，艰深的研究内容让小新的头发大把大把脱落。有时候在跟我们的谈笑之中，他常常吐槽自己“年纪轻轻就要秃了”。父母看到小新这个样子，常常感到心疼，但他不仅没有放弃，甚至还拒绝了父母给他的经济援助，选择依靠自己的奖学金来支撑自己的生活。

他过着一个普通学子的日子，买了一辆二手破车，租了一套老房子，潜心在自己的领域做着研究。我们常常替小新觉得不值，觉得他选择了一条错误的路，毕竟这条逆流而上、格格不入的道路，对于他来说实在是太苦了，尤其是在他有其他更好的选择时。

在坚持读博士的五年中，小新的朋友有的结婚了，有的成了企业的经理，不管是事业还是家庭，看起来都顺风顺水，只有小新成了他们圈子当中“自讨苦吃”的那一个。一开始周围的人都会夸赞他，有上进心，有出息，随着小新的年纪越来越大，学业却还没有结束，亲戚长辈的口风就变了。

“还是早点成家立业的好，你看你的父母年纪也大了，还等着你回来继承家业呢！”

“我看你读的那个专业跟你们家公司也没有什么联系，不如别读了，早点回来熟悉企业，接你爸的班。”

“你看隔壁的谁谁，人家孩子都生了俩了，你怎么还没结婚呀？”

……

这些话充斥在小新的生活中，甚至偶尔让他的父母也深以为然。小新苦恼地对我们说：“他们的话让我觉得，我活着就好像是为了继承我爸的财产，然后结婚生子把这份财产再传下去似的。”

小新偏不如此，他咬牙读完了博士学位，然后进入了一家生物制药公司工作。两年后，他带着自己的分红和几个朋友一起独立出来，创立了属于自己的生物制药公司。虽然规模不大，但是因为前景可观，他们获得了其他大公司的投资，未来几年显然大有发展。

渐渐地，小新的这份事业做得比他父亲更大了，而伴随着国内加工业的日益衰落，很多子承父业的传统企业都难以维系，小新身边的很多朋友都面临着带领公司转型或者突破的问题。小新的父亲发现生意越来越难做了，干脆将手里的产业转手卖给了别人，然后带着老伴旅行去了。

反正，小新已经拥有更大的产业，不再需要继承父亲的事业了。这让小新的父亲又惆怅又骄傲，看，只有他的儿子走出了一条不一样的路。

如今人们再提起小新，已经不再是说“某某的儿子”了，反而是他的父亲常常因为是“小新的父亲”而受人重视。能有今天的成就，全有赖于当年，小新没有沉湎于享受，而是选择了逆流而上，选择了吃苦奋斗。

要想化身成龙，从众和顺流永远都不是最好的选择，有时候，我们就是要去挑战别人认为困难的项目，就是要选择迎难而上，逆流直上，才能够获得别人无法获得的成功，到达一个只能为他人遥望的彼岸。

第5章

珍惜才能拥有，感恩才能幸福

一个会选择的人，也同样是懂得珍惜的人。

美好的信念具有使人进步的力量，而最能打动人的，就是一个人的真情。如果能被真诚、友善地对待，我们也会拿出更多的真心和善意去拥抱他人。燃着你心中真情的灯火，别说人心险恶，别怕烛火微弱，每个人都怀揣一份炽热情谊去温暖他人，一定能照亮人性的黑暗，驱散世间的冷漠，一起感染更多的人。星星之火，可以燎原，相信每一个平凡而又善良的人，都有改变世界的力量。

珍惜每一次遇见，你会活得更快乐

“劝君更尽一杯酒，西出阳关无故人。”

“桃花潭水深千尺，不及汪伦送我情。”

“离别是最甜蜜的悲伤。”

“长亭外，古道边，芳草碧连天。”

关于离别的话题，自古以来多之又多。不管是在古代文人骚客的笔下，抑或是国外文学泰斗的著作中，离别总是带着伤感，夹着悲痛，透着寂寥。

少女时代最怕离别，哪怕只是分开一个短短的假期，也要红着眼眶拉着衣角不让别人走，小小的车站见证了太多不舍的眼泪。第一次离开家乡，离开父母去千里之外的陌生城市念书时，我更是抱着前来送站的妈妈号啕大哭，最终给妈妈买了距离最近的一张车票，得以在候车室又短暂地相处了半个小时。

在接下来的几个年头，只有在最热和最冷的时候才能在家里小住一些时日。我越来越期待每一个假期，哪怕路途遥远；越来越用心地回复父母的每一条微信，哪怕是之前最不放在心上的反复叮嘱；越来越想念故乡的风土人情，哪怕是那拥挤的街道和略土的乡音。

傍晚，跟友人路过学校附近的居民区，闻到别人家窗子里飘出来的饭菜味儿，笑着对友人说，“好想我妈做的饭啊”，说完眼泪就流了下来。想到在家的时候，妈妈总是想方设法、变着花样地做给我吃，而我总是吃两口就停下，忽略了妈妈原本期待而后又黯淡下来的目光。从那之后，每次回家我都大口吃饭，毫不吝惜对父母厨艺的赞美之词。我也渐渐地学会了在每一次离别时收起眼泪，对父母说候车室太闷，想在外面待会儿，看着他们离开的背影，转身擦干眼泪。

小小的火车站不动声色地承载着来来往往的人群，记录着各色各样的故事。而我也在一次次的离开与重逢之中不断成长，学会珍惜，学会体谅，学会爱，学会在每一次告别时把不舍化为对全新征程的期待，更学会在下一次相遇时将更好的自己带给对方。

是啊，离别固然使人心伤，可也有“海内存知己，天涯若比邻”的豪爽豁达；也有“莫愁前路无知己，天下谁人不识君”的美好祝愿；也有“桃花潭水深千尺，不及汪伦送我情”的悠悠情深；更有“何当共剪西窗烛，却话巴山夜雨时”这样对重逢的殷切期待。

高中时有一帮玩得很好的同学，我们成天混在一起，除了学习什么事都做，度过了可以说是无忧无虑的三年，当时我坚信，我们就是一辈子的朋友了。然而伴随着毕业的留学热潮，一些家境优渥的朋友纷纷选择了出国读书，剩下的一部分也填报了外地的大学。曾经热热闹闹的小团体，竟只剩下恋家的我和小天两个“留守儿童”。

高三毕业的那个暑假，我们成了机场和火车站的常客，爱哭的我总是哭得稀里哗啦，小天也是眼眶红红地一再挥手。接下来的几年里，我们在每一个寒来暑往中单独约见了不同的朋友，遗憾的是，我们十几人自高中毕业后再也没有团聚过。

在一次车站送别后，我和小天慢慢地沿路边走着。“我以后不会出国的。”他突然对我说，停顿了一下又补充道，“也不会离开这座城市。”问他原因，他说道：“我舍不得。这里有父母，有朋友，虽然朋友分散在世界各地了，但是大家回来的时候，起码我还在这里，还能见上一面。送人走都这么不好受了，轮到我要走的时候，真不敢想我得多难受。”

小天是个感性的男孩子，他说出这段话，我一点也不意外。让我意外的是，几年后，他也出国了，去了跟这座城市有八个小时时差的英国。

就业的压力和考研的失利让他最终选择了出国深造，而彼时那个说着一辈子不离开家乡的我，也已独自在外奋斗了多年。

小天走的时候，我赶到北京机场送他。那个时候的我已经能更加坦然地面对离别，却还是在拥抱的时候任泪水沾湿了他的外套。我强行笑着拍着他的后背说，“加油啊天儿，别光顾着看外国妹子，好好学习，回来我跟你混。”

小天刚去英国的日子过得并不好。我时常在中午收到他的微信。“又失眠了。”“今天翻了以前的照片，看得我想笑又想哭。”“我觉得我从高中之后就走下坡路了，不愿意结交新的朋友，跟老的朋友也不是从前的感觉了。”“想家……后悔出国了……”

渐渐地，他开始在群里发和新朋友的合照，开始分享每天拍的风景，微信内容也变成了：跟新朋友学了魔术，下次给你们表演；在室友的带动下开始自己做美食，回国可以大显身手啦；外国同学教了花体英文，你们看看写得怎么样……

我惊讶于小天的变化，又由衷地为他感到开心。

再次见面已是一年半后，小天放假回国，假期结束准备回英国的时候特地来我所在的城市碰面。他健谈了很多，举手投足之间比过去稳重了不少，聊天的内容也不再是过去的游戏和牢骚，迷上了摄影的他向我展示了游历欧洲时用相机记录下的精彩瞬间，对当下的热点政治经济话题也是信手拈来。

望着侃侃而谈的小天，我有些恍惚。“出国这两年你真是发生了脱胎换骨的变化啊。”他低头一笑，扶了扶眼镜，露出了几分那个羞涩大男孩曾经的样子，“我只是想到你们都在努力，如果自己始终原地踏步，都不好意思再见到你们了。”

走出咖啡馆，我准备打车把他送到车站，他微微一笑，“就送到这儿吧。”我抬头望向他，他又笑着解释：“我怕你哭鼻子呀。”我嗤他，“不知道当时是谁跟我说后悔了想回家，现在又觉得外面好了？”他摇摇头：“我只是接受了这种分别，甚至开始享受它，离别让我期待重逢，而重逢之前我还有很多时间去充实自己。相信下次相遇时，我们都能成为更好的人。”

小的时候，我害怕离别，觉得是要将现有的世界强拆掉然后去构建另一个陌生的世界。如今回味过往的每一次离别，蓦然发现，每一次离别都有它的意义，冥冥之中，上天自有安排。我们都不再是过去的自己，在不断交替的人、事、物中，慢慢蜕变成更好的人。而我也渐渐明白，少了人生中的任何一次离别与经历，我都不会成为现在的自己。感谢离别，让我不断成长，百炼成钢。

所以，向过去挥挥手吧，带着那份单纯与感动，朝着崭新的明天进发。

可以“称”的，从来不叫友谊

我一直认为，人与人最好的关系就是朋友关系。父母与子女、丈夫与妻子、上司与下属、老师与学生，皆是如此。

和睦的亲属可以是相互平等的好友，亲密的恋人可以是无所不谈的知己，开拓进取的领导可以是并肩作战的伙伴。总之，友谊这种东西，大概是世界上除了亲情之外最稳固的情感关系。

然而在这个物欲横流、人情冷漠的社会，友谊成了越来越珍贵而又难以寻觅的东西。人们越来越奉行“等价交换友谊”，提到朋友，首先想到的不是志同道合、肝胆相照，而是酒桌上的觥筹交错和办公室里的钩心斗角；而“朋友”也不再是那个能为你两肋插刀、雪中送炭的人，“朋友”成了“人脉”的代名词，并且以“利用价值”为衡量标准。对方能为自己带来多少利益，成了相当一部分社会人士在结交他人时考虑到的首要因素。

正如德鲁克所说：“如果一段友谊不能给你带来丝毫利益，就会被你本能地舍弃。”然而对这个观点，我却是十分不能认同的。诚然，双方要在平等的前提下才能形成并维系好一段关系，单方面付出或只靠一方去努力经营、委曲求全，这样的友谊并不能长久；但是若在这段关系中太计较个人得失、在结识对方的初期就考虑了太多因素，那这也不会成为友谊，只是有利益往来的伙伴罢了。

真正的友谊的形成，不是双方有意的拉拢，也不会掺杂许多因素，友情因无所求而深刻，因真诚而弥足珍贵。

我的高中同学小文是个内向而又敏感的女孩儿。她个子不高，留着齐刘海儿，相貌平平，成绩平平，总是坐在角落里低着头一言不发，是个存在感极低的人。在一次社团活动中，我跟她被分到了一组，同窗几个月，我竟叫不出她的名字。抱着一个大纸箱的我停滞在原地，她温和地朝我笑了笑，帮我接过了手里的重物。

就这样，因为对动漫有着相同的爱好，一起参加了几次社团活动后，我们渐渐熟络了起来，我发现她是一个既有趣又可爱的女孩子，她读过很多书，爱好广泛，琴棋书画样样精通，说是多才多艺一点儿也不过分。一次志愿服务时，她随手扎起了城墙一般密不透风的刘海儿，露出了明亮的眼睛和光洁的额头，我惊奇地发现，她很好看——甚至跟班花比起来也毫不逊色。

我打趣道，美女，为什么平时在班里这么低调啊。她告诉我，自己是单亲家庭，从小跟爷爷奶奶长大，从一个偏远的中学来到这所全省重点高中，这里的环境和人群跟过去大不相同，原本在小学校中数一数二的成绩，在这里只能排中等、下游。渴望结交朋友，但是看着周围那些穿着名牌光鲜亮丽，学习起来又显得毫不费力的同学，她变得自卑而又敏感，怕被其他人看不起，不敢在众人面前表现自己，更怕融不进其他人的圈子，只得小心翼翼地活在一个人的小世界里。

我告诉她，是金子总会发光的，像她这样又漂亮又博学的女生一定会受到大家的欢迎。她只是笑笑不说话。

过了不久，我发现小文下课后总往隔壁班跑，笑容也多了起来。她告诉我，她在放学回家的路上结识了家离得不远的桐姐，桐姐又给她介绍了很多新朋友，现在已经算半个“圈里人”啦。

我一听，嚯，桐姐，为人豪爽大方，是学校里的大姐大，一呼百应，无论走到哪里都呼呼啦啦一大帮人，可谓校园风流人物，男生都称呼她为“桐哥”。能加入那个小团体，那可真是风光极了。高中生嘛，谁没点儿虚荣心呢。

又过了一段时间，我想小文已经融入了那个圈子。她不再那么自我封闭，有了一些所谓的社交，连续几次的社团活动中我都没有看到她，倒是在走廊里见过几次，她步伐拖沓地跟在一帮咋咋呼呼的男女身后，那些人在大声高谈阔论些什么，她怯生生地抬眼看着，偶尔轻声说些什么。可是她的声音太小，被走廊里的喧闹冲淡了，得不到回应的她又抿起了嘴巴。

偶尔有路过的男生会跟她打招呼，“嘿，文姐！”她似乎被吓了一跳，慌乱地四处打量了一下，看周围的朋友似乎没有听到，才挤出一个僵硬的微笑：“嗨。”那个时候，我又觉得，她似乎并没有融进那个“圈子”。

学期结束的时候，我又在社团活动见到了她，是我熟悉的那个恬淡而又温和的她。她走过来坐到我身边，舒了一口气，说，哎，还是这里轻松自在。“怎么，和新朋友们相处得不好吗？”我问她。

“嗨，那哪儿算得上朋友啊，跟他们交往累死了，就算我把他们当朋友，人家还不拿我当朋友呢！”她有些自嘲地说。我继续追问，她才向我袒露了心声。

原来，最初结识桐姐的时候，她并没有奢望能加入那个圈子，但跟着桐姐出入了几次“场子”，她认识了越来越多的人，那些之前只是从别人口中听到过名字的校园风云人物突然坐在她身边，问她要不要来杯喝的，她不禁飘飘然了起来。她始终感激桐姐将她带进这个圈子，总觉得自己欠了桐姐一个天大的人情，又做不了什么去回报桐姐，只能天天跟在她左右做些琐碎的小事——帮桐姐写作业，帮她跑腿，甚至把全部的压岁钱拿出来借给桐姐。在跟新朋友们相处的过程中也不太如意，那些人出手阔绰又喜欢互送昂贵的礼物，手表，包包，几乎全新的手机……她不敢接受，更偿还不起，就连别人随手买的一杯二十几块钱的奶茶，她也只能局促地摆摆手：“我喝水就行了，谢谢。”那些人见她又扭捏又寒酸，渐渐地也不再主动跟她搭讪了。跟这些人打交道让她感到惶恐而又紧张，心里总是不停地算计着，别人给了她什么好处，她又能为别人做些什么。

这些混乱的想法像一座座大山一样压着她，她意识到这不该是“朋友”带来的。真正的朋友应该像冬日里一块熨帖的红薯温暖你的身心，而不是那个烫手的山芋让你左右为难。真正的友谊带来的是心灵的宁静和慰藉，绝不是反复衡量得失的焦虑与不安。

小文是个聪明的女孩子，当她想明白怎么做才是对的，便立刻从那个圈子中抽身出来。她报名参加了很多社团和活动，不再抗拒在人群中表现自己，变得自信了起来，也结交到了很多志同道合的好友。

她的身边又一次围绕着许多人，看着她落落大方、从容不迫的样子，我想，她终于找到了适合她的圈子。

友谊是一种本能，是心灵的解救者，生活的美化者，社会的巩固者。它不依靠任何东西，身份、地位、钱财，越是掺杂太多，就越难拥有美好和纯粹的感情。真正的友谊，需要我们多用心去感受，少用脑去思考。

别放弃你心中的情谊，那是人性的一点火光

心理学中的“皮格马利翁效应”每天都发生在我们身边。

我们成为怎样的一个人，或许并不在于我们原本是怎样的一个人，而是取决于我们是被如何对待的，或者说，对方期待我们成为怎样的人。

提出这一理论的罗森塔尔认为，赞美和信任拥有改变他人的魔力。当一个人获得称赞和认可，他能加倍体会到自己的价值，这会对自身产生积极的影响，从而转化为一种向上的动力，这股力量使人愿意为达到他人的美好期许而不懈努力。

美好的信念具有使人进步的力量，而最能打动人的，就是一个人的真情。如果都能被真诚友善地对待，我们也会拿出更多的真心和善意去拥抱他人。燃着你心中真情的灯火，别说人心险恶，别怕烛火微弱，每个人都怀揣一份炽热情谊去温暖他人，一定能照亮人性的黑暗，驱散世间的冷漠，一起感染更多的人。星星之火，可以燎原，相信每一个平凡而又善良的人，都有改变世界的力量。

在澳洲留学的表姐这些年一直通过做代购贴补留学生活，她的耐心和真诚为她赢得了不错的口碑，也带来了很多回头客。

去年感恩节，为了回馈新老顾客对她的支持，她在朋友圈发布了一个免费送奶粉的活动。没有什么额外的条件，只要您家中有适龄的婴儿，只要您是真的需要奶粉。表姐特地标注，家里没有婴儿

的不要拍，把奶粉留给真正需要的宝妈。为了筹办这个答谢顾客的活动，表姐花了大半年的代购盈利，买了五十罐不错的奶粉。

我当时十分不能理解，问表姐，这样一来，你不就白干了大半年吗，图什么呢？表姐告诉我，对代购来说最重要的就是顾客的信任，顾客在这么多代购中选择了她，又愿意相信她，把最重要的宝宝的健康问题交给她，是一件值得感谢而又令人感动的事情。她说："虽然我是靠代购赚钱，但决不能赚黑心钱，也不能只顾着赚钱，我要做一个有情怀的代购。"

链接在朋友圈发布后，奶粉立刻被一抢而光。然而还不等表姐感到欣慰，意想不到的事情发生了。很多人在拍下后找到表姐，说光顾着抢了，没注意看奶粉的标注，结果拍错了阶段想重新换一罐。表姐告诉他们奶粉都被拍光了，自己也无能为力，不合适的话就退掉给适合的人吧。可是向她询问的十来个人中，并没有一个人发起退款申请。很多人看到"免费"的字眼，就一股脑儿地冲上去抢，看到便宜就占，不管需不需要，好像不占这个便宜才是吃了天大的亏。

有人拍完后贪心地表示想多抢几份，还有人直接在代购群里要求表姐："奶粉还有吗，给我留两罐。"更有人来道德绑架，不停地给表姐发微信诉苦，说自己是全职太太，家里有两个孩子，家庭条件不好，真心想要奶粉云云。表姐给我发了几张截图，看到满屏的"求你了"和"同情同情我吧"，我简直无语。

表姐耐心地向她们解释，这是为了答谢大家的支持，自掏腰包买来免费送给大家的，数量有限但这已经是在能力范围内对大家最大的回馈了，安慰她们，这次没有抢到的可以期待下次的活动，同时希望能够得到大家的理解和支持。谁知，竟然招致几个求而不得的人发私信骂表姐，说她自以为是圣母，就送这种烂东西还想让人感恩戴德，就跟谁稀罕似的，表姐的微店也收到了好几个投诉。

表姐心里很难受，本来好心给朋友圈的宝妈们送福利，结果弄得一地鸡毛，甚至因为送礼物送出仇来。我心疼表姐焦头烂额又委屈巴巴的样子，告诉她，既然通过这次活动见识到人性的险恶了，以后做生意可不能这么实在了。

我说："我觉得你真是我见过的代购行业里的良心标杆了，谁像你这么傻，赔了夫人又折兵，费力不讨好就罢了，自己还受一顿委屈。商人就得有个商人的样子。"

表姐反问我："什么才是'商人的样子'？卖东西就非要锱铢必较，眼里只有钱吗？我感激顾客对我的信任，肩上是货品更是沉甸甸的责任，承载着他们的委托与期待，督促着我更好更及时地完成我的任务，所以我必须真心实意地对待每一个人。"听了表姐的话，我感到一丝愧疚，也希望表姐继续保持这份真情，好人能有好报。

一个多月后，表姐得意扬扬地跟我炫耀，很多收到奶粉的宝妈发了朋友圈对向她表达感谢，夸她卖的东西是"正品里最便宜的，便宜的里面最靠谱的"，说她是名副其实的良心代购，同时安利了身边的很多人加她微信。还有一个心灵手巧的顾客给表姐在国内转寄的地址，也就是我的舅舅舅妈家，寄了一盒自己做的点心。表姐说看到舅舅发来的照片，一下湿了眼眶，觉得之前的付出和受的委屈都是值得的。

“她们真是小天使呀。”表姐美滋滋地说。

“你也是小天使呀，姐姐。”

当我们被越来越多的打砸抢杀、学生霸凌、家属医闹、老人碰瓷等恶劣的社会问题占据了视线，冰冻了内心，那些温情的事迹和身边的感动还能否打破你心灵的冰霜，燃亮瞳孔的火光？不要害怕社会复杂，不要畏惧人心不古，永远做一个有血有肉、有情有义的人，哪怕只为片刻心灵的宁静。

以仁爱之心爱人，就是学会用善良和美好去感化他人，永远保持一颗坚定而真诚的赤子之心，照亮自己，温暖尘世。多一些纯真人性的释放，多一份对人心本善的坚持，你怎样看待这个世界，世界就会怎样呈现给你。没有一碗热汤暖不热的寒，没有一片真情驱不散的霜，愿善良的你永远秉持着心中的微光，纵使白发苍苍，还有人爱你眼角岁月的留痕，爱你如朝露唤醒初晨。

要懂得，努力是为了活得更好

“天空没有翅膀的痕迹，而我已经飞过，思念，是翅膀飞过的痕迹。”人生的意义不在于留下了什么，只要你经历过，就是最大的美好。这不是无能的表现，而是一种超然的心态。

泰戈尔告诉我们，你不必苦苦追寻人生的真谛，也不必寻找什么去佐证你的存在，因为存在本身就是它的意义。就算春暖花开，也有冰天雪地，就像万物更迭又悄无声息，人存活于世间，便要遵循自然规律生长又老去。

大概每个人都迷惑过，活着是什么，活着的意义又是什么？这样的拷问，或许是在某个安逸闲适的午后，或许是在一段步履维艰的人生路上，又或许，是在那个春风得意的时候。

“我实现自己的价值了吗？我得到真正想要的东西了吗？”

人群中最不缺少不甘平凡的人，他们非要留下什么轰轰烈烈的壮举，才觉得这一生不算白活。这些人的结局有两种，第一种人通过不懈的努力——当然机遇可能是他们取得成功的更为重要的因素——他们达到了理想的高度，实现了人生目标，就算没做出什么名垂青古的丰功伟绩，也总算没有白来世间走一遭；而剩下的人，自命不凡却碌碌无为，不满足于现实却无能为力，在不甘与落寞的撕扯中走完一生，直到他们老了，反抗不动了，坐在藤椅中喃喃自语：活着是为了什么？

越来越多的人开始崇尚“活在当下”的生活方式。往远处说，活在当下是“人生得意须尽欢，莫使金樽空对月”的快意洒脱；也是“采菊东篱下，悠然见南山”的恬淡安然。往近处说，活在当下可以是一场说走就走的旅行，暂时放下工作的压力和职场的纷争，背上行囊，在山水之间邂逅未知的美好；活在当下也可以是一夜安稳的睡眠、一次酣畅的运动，让大脑放空，不必为明天的业绩和人际关系而忧心。

闺密婷婷的老公王先生是一家互联网公司程序员，为了让老婆和老母亲过上更好的日子，自参加工作以来，他便一直奋斗在加班第一线。凭借没日没夜的工作，他拿到了理想的薪资顺带着快速升了职，也成了同事眼中的拼命三郎，而他恰好在家中排行老三，大家便开玩笑叫他三郎。

随着三郎的职位越来越高，渐渐地，他出现在我们朋友聚会中的频率越来越低，总是婷婷一个人略带落寞地坐在我们一帮携家带口的人中间，曾经天天挂在嘴边的“我们家老王”似乎也很久不再被她提起了。偶尔几次聚会结束看到三郎来接婷婷，我从婷婷不满的小声抱怨中得知，把婷婷送回家后三郎竟还要返回公司继续加班。

一次和婷婷单独见面时，我问起她和三郎的状况，婷婷连连叹气。我打趣道，三郎每年往家里拿那么多钱，你这个甩手掌柜还有什么不满的。婷婷一瘪嘴，告诉我自家老公除了整天忙得脚不沾地，身体也大不如从前。由于长期保持坐姿盯着屏幕，三郎的视力下降得很快，腰背和颈椎都有不同程度的劳损，头痛和胃病更是时常困扰着他，脱发和驼背等体态问题也出现在了这个三十出头的青年人身上。如今的他几乎彻底丢失了大学时期篮球队队长的风采。而整日早出晚归也背离了努力工作让家庭生活更加幸福的初衷——毕竟女人都是需要陪伴的啊。

婷婷的老家在相隔千里的A省，当年为了爱情远嫁，留在了这个内陆城市，身边除了我们几个大学同学就再也没有亲近的人了。当年让她为之奋不顾身的丈夫整天忙于工作不着家，我们几个朋友关系再好也不可能在每个需要的时刻陪在她左右。

我冲她眨眨眼："造人计划尽快提上日程吧，我们几个人就差你了，有个可爱的小宝宝陪着你你心里也舒服一些。"

婷婷连忙摇头。"他现在家里的什么事情都顾不上，每天回来的时候我都要睡了，有了娃也是我自己的事，我可不想以后一个人去做产检，难受的时候都没有人在身边。"我用我家先生的例子劝慰她，说有了孩子之后男人会快速成长，发生翻天覆地的变化，之前再贪玩不顾家的男人，下班后也是第一时间跑回家看他的小心肝。婷婷却表现得有些心灰意冷，她苦笑着说："这事儿回头再说吧，他现在全部心思都在工作上，就现在这表现，我可不敢赌。"

年底大家都忙碌了起来，再次见面已是来年四月。婷婷挽着三郎的手出现在了我们的聚会上，一脸甜蜜地宣布她怀孕了的消息。姐妹团立刻起哄："婷婷终于有喜了！三郎，这顿必须你请！"

三郎笑得憨憨的，连连点头："我请我请！之前对家庭不够重视，让婷婷受了不少委屈，多亏大家一直那么照顾她。"大家也"顺水推舟"地数落起他来，毕竟婷婷的孤单我们都是看在眼里的。三郎一一应了，还表示以后一定以家庭为重心，把错过的都补回来。

我好奇这个工作狂怎么突然转了性，许久未见的三郎也向我们吐露了心声。原来，一直野心勃勃的三郎自入职之后，发现自己在工作方面小有天赋，没有什么背景、一心想要通过个人努力取得成就的他便立志要闯出一番事业。很快，他的付出得到了成正比的回报，尝到了甜头后更是一头扎了进去。牺牲了自己的娱乐和睡眠，他不怕；牺牲了陪妻子的时间，他一开始会内疚，后来也习以为常，自我催眠带回家更多的钱和荣誉就能弥补妻子了。用他自己的话说就是走火入魔了。在成就感的刺激下，他甚至不关心银行账户里资产，一心想要爬得更高，取得更高的成就。他说："我从小就跟自己铆着劲儿，我就是想混出个样来，不然总觉得自己这一生白活了。"

"后来呢，怎么想开了？"我插嘴。

三郎说，公司有个三年前入职的90后，比他还小了几岁，因为原生家庭条件不好，为了和女朋友买套房便没日没夜地加班，同事都说他颇有三郎的风范。过年前的几天，正是员工最浮躁的时刻，一直趴在电脑前码程序的年轻人端着杯子站起身，然后"咣当"一声巨响，倒在了地上。大家手忙脚乱地把他送到医院，医生诊断为突发脑出血，并下达了病危通知书。最后他的身体垮了，工作辞了，女朋友也吹了。

这位年轻人的经历给三郎敲响了警钟，令他不禁后怕了起来。人活着什么最重要？身体垮了，要再多的钱财和名利又有什么用呢？三郎说，之前总是觉得自己想得明白，看不上那些满足于现状的年轻人，认为活着就得全力以赴地打拼，现在才发觉真是糊涂啊。“做人嘛，最重要的是开心。及时行乐，及时行乐。”

其实，不必给“活着”强加太多意义，不然无法看见人生的可能性，更不应当把“活着”和“成就”画上等号，不然将让自己的一生都背负着巨大的压力。享受生活，活在当下，在努力向前奔跑的同时，记得停下来问问自己，你快乐吗？

把每天当作人生的最后一天，才能学会好好活

孔子曾说，“逝者如斯夫，不舍昼夜。”

每个人都知道时光易逝，然而时光真正的可贵之处，却很少有人能解读其中滋味。我们总是在失去的时候才学会珍惜，总是在走错路的时候才学会后悔，也总是在输给时间的时候，才明白我们浪费掉的到底是怎样珍贵的财富。

一个人最大的对手就是时间，因为它是无形的，是无处不在的，一有松懈之心，就很容易输给时间。懒惰也好，虚度也罢，当你任凭时间流逝却无动于衷的时候，就已经输了一筹。我们总觉得人群易散，今日还是灯火辉煌，明日回头已是稀稀落落，人生总是相聚时短，别离时长，就是时间给我们开的一个最大的玩笑。美好的时光总是让人感觉格外短暂，而别离与苦痛却仿佛被拉长，让人

难熬难度。只有在该享受时光时，全身心去体会美好，才能延长那段幸福的时间，才能在之后蓦然回首时，告诉自己——我没有空耗时间。

好好活着，就是用最用心的态度，去对待每一段美好的时光。与朋友相聚的时候，就专心沉浸于友谊之中；跟亲人团圆，就用心去体会这一刻的美好；繁忙的工作之余，毫无杂念地去欣赏一番美景、喝一杯下午茶，放松自己的心情；工作之时，也要全力以赴，才能用最高效的态度去迎接一切挑战。

要做到这些，其实很简单。只要你将每一天都当作最后一天，问问自己：假如今天是最后一天，而我必须做这些事，我会怎么做？然后你就会发现，你更容易跑赢时间。

“最后期限”永远是提高效率的第一生产力，越是临近我们约定的期限，你就越能爆发出难以预计的能量，去高效地完成一切事情。工作如此，生活亦是如此。只有时刻保持着“最后一刻”的紧张感，你才能真正以“可贵”的态度去对待时间，才能不虚度此刻，并在未来不留下遗憾。

孟凡是我在医院认识的朋友。那一年母亲意外生病住院，在满屋子的老人当中，孟凡是个特别的年轻病人。他告诉我，他在患病入院之前，从没想过自己年纪轻轻就会有这样的大问题，这一场病，完全打破了他对人生的规划和认识。

在那之前，他是个得过且过的人，因为觉得自己还年轻，以后的日子还很长，所以做什么事都很难全部投入。工作如此，生活也是如此。很多时候，他更是难以分清“工作”和“生活”的界限，经常在工作时被家庭的事务所牵绊，又在下班时忙起自己的工作。

这让他两边都很难兼顾。周末休息的时候，明明应该跟父母和女友享受难得的度假时光，他却经常被工作邮件或者尚未完成的项目吸引注意力。每次被临时叫走的时候，他总是抱歉地说“下次不会了”，但下次依然如此。

“那又有什么问题呢？在我眼里，反正以后度假的日子还多的是，还是先解决眼前的麻烦最重要。”孟凡这样说。

在我眼里，他这就是本末倒置、没有规划的体现。生活工作难以分开，却哪一样都不能全身心去做好，最终只会导致自己很累、很烦，却什么都难以做成。

直到生病入院，孟凡才意识到，生命无常，自己的时间可能没有想象当中那么多，也许不知道哪一天，他就再也没有机会去享受生活、陪伴父母、与爱人共度时光，或是拥有事业上的成功了。这些都不是“明天可以做好”的事，而是应该尽可能在当下完成的。

孟凡出院以后，就拥有了新的生活态度。不管是工作还是生活，他只要决定去做，全部报以十二万分的投入。他再也不在工作日刷上半天微博了，也不在和女友约会的时候回复工作邮件，以前总是因为“懒”而不爱去的朋友聚会，他现在只要能去就一定去，一个月回不了一次的父母家，如今每周都回去……

“我把每一天都当成是最后一天，每当这时候，我就发现时间真是太快了，快到我甚至难以在计划中完成一个表格，快到我不能随心去陪伴我的父母，快到我还没发现自己做了什么，就即将迎来中年了。”

孟凡这样说。

如果你选择将每一个日子都当成最后一日来过，你会发现时间永远不会等待你，它默默地前行，却以最快的速度带走你的青春，带走那些欢聚的时光，带走改变你命运的机遇……所以，把握时间，永远不要输给时间，也许是最难的一件事，却是过好一生最应该坚持做的一件事。

时光易散琉璃脆，最美好的永远是最脆弱、最难以把握在手中的东西。当我们在暮年时回首往事，会发现那些记忆里星光闪烁、最为璀璨而珍贵的回忆，永远是漫长人生里最短暂的瞬间。因为美好，所以更显得短暂。既然如此，更应该时刻去体味那些生命中最美的时刻，专心于当下，珍惜每一分钟，这才是珍惜时光的原则与真谛。

一个年轻人，拥有的最大的财富莫过于时间。马云曾说，他愿意用自己所有的财富，去换取重新回到十九岁的机会。因为他相信，只要给自己足够的时间，财富可以再次累积，但是青春和逝去的时光，是最难能可贵的，是永远不能回头的。

有些人不认同马云，认为如果给自己足够的财富，自己宁愿用二十年的时间来换。这只能说明一点——你的时间不值钱，你的时间被虚度了。在珍惜时光如马云一般的人看来，时间是最大的财富，尤其是人年纪越长，越知道时间可贵，只要给他们足够的时间，他们能比过去做得更好。但是在芸芸众生眼里，我们的时光不仅可以用金钱来衡量，甚至不是一笔多么庞大的财富。之所以如此，是因为我们的这些时光都被虚度了，或者眼见着即将被虚度。

用多少财富可以换取你的时间呢？你对于这个问题的答案，决定了你的时间到底有多大价值。

如果你能够将每一天当作最后一天去度过，能够时刻珍惜你的时光，你会发现，你的答案只有一个：

再多的金钱，也比不上你的时间。

第6章

择一人，做一事，即可终老

选择不对，努力白费

一个人的老去，本不应该成为一件避而不谈的事，它可能会带走我们的青春，但赐予我们的，却是年轻时可想而不可得的东西，不管是气质还是眼界，修养还是能力，或是地位与财富。所以，我们不应该对“老去”避而不谈，更应该坦然面对，用足够的底气去应对老去。

若有才华藏于心，岁月从不败美人。若你有足够的底气成为一个有魅力的人，便不必怕在时光中如何老去。

有准备地老去，让我们更加从容

“老去”这个词，永远是男人女人眼中的大敌。古人有云，最悲哀莫过于“将军白发，美人迟暮”，看着曾经英姿勃发的赫赫将军，如今连上马提刀都艰难，是一种老去的悲哀；看着曾经倾城倾国、万人追捧的美人，如今羞于对镜自照，是一种老去的悲哀。故而不论男女，谁都不愿意称自己“老去”了。

但是，老去是任何人都将要面临的未来，区别只在于早晚。我们不可能永远不老，即便科学的手段可以让你看上去很年轻，你的身体、你的思想，你的一切，都会悄悄告诉你——你在慢慢变老。

越是年轻过，越是曾经在青春时感受过美好的人，就越是难以接受这个现状。所以，太多美人难以接受老去的“馈赠”，她们不喜欢白发，不想看到脸上的皱纹，不能接受被人当作长辈照顾，所以她们才一次次步入医学美容的机构，通过各种科学的、非科学的手段，试图留住青春。

然而除了少数的幸运者之外，大多数人以人造手段所创造的

“青春”与“美丽”，总是让人看着那样不自然、那样突兀而奇特。她们当然也是美的，也有着与真实年龄不相符的青春，但这样的青春看起来就像是鲜花丛中的一束假花，虽然艳丽多彩、从不被时间流逝所烦扰，但也一样缺乏真实感、自然感和鲜花的香气与姿态。

与大自然抗争，拼命不肯接受“老去”的必然，只会让你误入这样的歧途当中。其实，坦然接受老去，有准备地步入这个过程中，能够直面自己的每个阶段，难道就那么难吗？难道老了，就不能美丽、不能丰富多彩了吗？

自然不是如此。奥黛丽·赫本是鼎鼎大名的美人，她对自己的老去一样十分坦然，能够在时光的流逝当中永远保持优雅，反而让这种优雅越来越醇、越来越香。在《穿普拉达的女王》中扮演冷酷主编的梅丽尔·斯特里普，出演该影片时已经五十多岁，依然可以顶着一头优雅的银发穿行在T台上，成为时尚圈的宠儿。她们都坦然地面对自己变老的事实，从不因此而逃避或者想要改变什么，反而让自己在每个年龄段都展现出无与伦比的魅力。至少在我看来，梅丽尔·斯特里普所展现出的气质，是她年轻时候绝对不具备的。

这是岁月的积淀，是成熟的魅力。一个人只有在年轻时不断积累，才能有准备地老去，永远保持优雅，成为越久越醇的美酒。

我身边也有这样的人。初入职场时，我的上司琳姐就是女性成熟美的代表。刚见到琳姐时，我几乎被她令人惊叹的气度和能力所震慑，这真是一个太美太美的女人了。她化着恰到好处的妆容，大红唇若是年轻姑娘涂了，未免显得张牙舞爪、虚张声势，气质和年龄都有些配不上，但是琳姐这样的熟女却能够很好地驾驭。岁月几乎没有在她的脸上留下什么痕迹，这不仅仅是因为她善于保养、酷爱运动，也是因为她永远有很好的心态，从不被困境所困扰，所以很少有发愁的事，自然显得年轻。

她拥有优秀的能力，这让她在举手投足之中总带着足够的自信和坚定，是高贵者才会拥有的习惯和气质。她也有足够的财力，可以让自己穿上品质高档的服装，用精美的生活用品，从内到外展示什么叫“高端”二字。但是这些都是岁月带来的附加品，对琳姐来说，她之所以感谢“老去”，感谢时光，是因为她在时光中不断成长，所以才一日比一日更好。

“我很享受现在，享受青春逝去后的日子，因为我失去的不只是年轻的时光，还褪去了青涩和不成熟。不管是处理事情的经验，还是那些可贵的生活经历，以及这些年不断学习的结果，都让我变得越来越好。”琳姐这样说。

六年前她离婚了，那时候她还是个不成熟的职场年轻人，因为生活、工作中总有自己处理不了的问题，让她觉得焦头烂额，甚至影响到了家庭。但是现在，时光的赐予让她可以用更完美的态度去处理所有的问题，她也以新的态度重新认识了家庭，遇见了一个体贴的对象。

“我常常在想，如果当初我也有现在的能力、眼界和情商，是不是一切都会不一样？可惜，一切就是这样矛盾，只有经历过时光的磨炼，才能有今天的一切，而过去的是永远不能回头的。”琳姐说，“所以我很感激现在，也享受现在。”

一个人的老去，本不应该成为一件避之不及的事，它可能会带走我们的青春，但赐予我们的，却是年轻时可想而不可得的东西，不管是气质还是眼界，是修养还是能力，或是地位与财富。所以，我们应该坦然面对，用足够的底气去应对老去。

这个底气，就来源于你在时光中成长了多少、学到了什么。如果只有时间流逝，而你一成不变，那这样的老去无疑是一种悲剧，如果你能在时间的流逝中不断成长，不断磨炼自己，一天一天变成更好的自己，那这样的老去就是一种惊喜，就是一种有准备的老去。想象一下，每个新的日子，你都会遇到一个更好的自己，这不是一种令人期待的好事吗？如此一来，老去也就显得不那么可怕了。

所以，怕老，未必是真的，也许你只是害怕老去得毫无意义，害怕轻易浪费了时光。

永远有平和的心态，不要被嫉妒困扰

我们身边往往会有一个“别人家的孩子”，他们生来就像是为了让别人自惭形秽而存在的，种种优点集于一身，一帆风顺地学习、工作、生活，优秀得令人羡慕甚至嫉妒。不过，羡慕就够了，嫉妒却大可不必。

羡慕并不怀有恶意，有时还能激励自己加倍努力，过上与自己羡慕的人一样的生活；嫉妒则是赤裸裸的丑恶行为，只是因为自己不如人而愤慨，不仅不会让你变得更好，反而会因为失去平常心而做出令自己后悔的事情。

嫉妒，只会让你原有的幸运消失殆尽。

从前，有一只鹰翱翔在天空，唯一需要警惕的就是地上的猎人。直到有一天，它发现周围来了一只能飞得更高的鹰，那家伙比自己年轻，比自己健壮，飞得比自己更高、更快，鹰一下子就嫉妒了。它与地面上的猎人联手，本来想将另一只鹰除掉，却没想到自己反而成了猎人的猎物。

嫉妒的鹰本来可以自由地翱翔在天空，如果不去关注嫉妒那只比自己飞得更高的鹰，它依旧可以享受蓝天、清风和自由，还有丰富的食物，而不必担心来自地面的危险。但是当它的眼中只剩嫉妒的时候，原本幸福的一切都变得不如人了。

Y小姐就是一只嫉妒的鹰。我认识她的时候，她是个骄傲耀眼的人，在这家民企的分公司中扮演着相当重要的角色。她长得美、性格又强势，偏偏工作起来像个拼命三郎，给公司拉了不少业绩，所以又被戏称为“铁娘子”，但人人都喜欢她。

在这个温柔的森林里，没有人是鹰，只有她是独一无二的。这样的光环让Y小姐渐渐迷失了，甚至在我们的聚会之中，常常喝醉了便锋芒毕露地说：“这个公司，除了我还有什么人够看？”

够看的人很快就来了。第二年的三月，一个从总公司调来的女上司成了分公司新的管理者，而Y小姐之前完全不知这回事，还以为这个岗位会是自己的囊中之物。发现事实不如自己所愿后，她一下子觉得挫败，却又斗志昂扬——只是这斗志不再是对外的了，而是对着自家公司的老板。

“等着瞧吧，她这样的空降兵混不了几天的，看看她整天打扮成那样，说不定就是走后门进来的。”Y小姐总是这样信誓旦旦地说。

我突然想起来，在过去别人说她是“靠着一张脸”上位的时候，在他们觉得她是花瓶、有后台的时候，她是多么愤慨的样子了。换到别人身上，她却也控制不住，变成了过去的她所厌烦、厌恶的人。

女上司的表现当然不是Y小姐说的那样。她坚定果决、颇有手腕，是个很不错的领导者。如果说过去Y小姐是这家苦苦支撑着的公司的“顶梁柱”，那她就是让这家公司重新活过来的“神之手”。段位不止高，还高不知道多少倍。

可对于Y小姐来说，这只会让她更加嫉妒。每天给上司赔一张笑脸，心里却堵得发慌。她渐渐开始想，为什么不是自己升职坐上那个位子呢？她一定可以做得更好。

Y小姐对过去觉得满足的一切，都再也看不上眼了。而我们过去认识的那个令人印象深刻的姑娘，自然也早变了个样貌。

对于这样的人，别人的优秀其实并不会对他造成损害，他们却因觉得自己的风头被抢走了而嫉妒他人，无缘无故地针对别人。也许他们认为，只要排挤走了比自己优秀的人，自己就还是周围最有能力、最有地位的，却不知道这样丑恶的嘴脸反而让周围的人厌恶，背地里早就把自己的脸面丢得一干二净了。

所以，千万不要产生嫉妒之心，哪怕你不会因此而做出令人厌恶的事情，也会因为嫉妒的心态造成对自己的困扰，反而得不偿失。也许你因为别人比自己更优秀而嫉妒他们，却不知道在你产生嫉妒之心的同时，就已经失去了和别人相提并论的资格。

要知道，嫉妒往往是自下而上的，是不幸的人对幸运者怀有的恶意、是庸碌的人对出类拔萃者的冷漠。当你能平静看待比自己强大的人时，你们就是处于同一平台的，当你开始嫉妒他们时，就已经将自己放到了他们的平台之下，主动承认自己是不幸运的、不优秀的，这难道会让你有面子吗？

所以，嫉妒往往让生活变得不如意，你却不知这不如意从何而来。

就如Y小姐一样，她在嫉妒的火苗里煎熬打滚，最终还是做出了不理智的决定。她辞职了，在一个非常不恰当的时机，匆匆找了另一个工作。相对于Y小姐的能力和经验来说，她本来应该得到更好的待遇，有更好的机会，或者不辞职，在这家公司中继续干下去。但她偏偏选择了最不合适的一条路。

“我被逼得待不下去了。”这是她唯一的解释。她认为自从女上司来了之后，她的生活就不如意起来，工作上也总是遇到难题，待遇总不能让自己满意，“不公平”这个词汇常常挂在她的嘴边。

我记得，在她刚刚入职，因为性别而被人轻视、连工资都比同事们低的时候，她都咬牙坚持下来了。“我不会与他们比较，他们以后都不如我，这就够了。”当时言之凿凿的画面尚在眼前，现在的Y小姐却早就忘了。

她失去了一颗平常心。

这让我想到《白雪公主》中那位同样是美女的王后。王后曾经是全世界最美的人，即便白雪公主出生了，她也是第二美女，但是在各类影视作品中，王后呈现出的形象却总是像巫婆一般。这不正是因为她太过嫉妒，频频做出错误的抉择，才导致人们对她的印象不佳吗？

所以，千万不要让自己生出嫉妒之心，它不仅不会让你变得更优秀、更上一层楼，反而是一颗不能吃的毒苹果，会诱使你堕入深渊。

能够在差异中保持一颗平常心，以波澜不惊、一视同仁的态度对待不如自己的人和比自己优秀的人，即便你本身没有多少才华，别人也会称赞一声“好修养”，无形中将得到更多的尊重。而不管是上司还是同事，也许他们自己也免不了嫉妒别人，却不会喜欢和嫉贤妒能的人共事，因为他们也担心自己成为那个被嫉妒、被下绊子的倒霉蛋，所以做一个不嫉妒的人更容易获得别人的肯定和优待。

有时候，优秀的人还往往会因为锋芒毕露、不会做人而不受喜爱，但是一个会赞美、肯定别人的人一定能在自己所待的环境里如鱼得水，所以不妨将这一点利用起来，用不嫉妒让自己的胸怀更加宽广，即便你不够优秀，也能够成为人群中闪光的那一个。

有人陪伴，任何时候都不孤单

我曾经觉得，看时光流逝是一件悲哀的事情，因为时间的尽头就是死亡，一旦想起这个命题，总让人感到无可抵御的悲哀与痛苦。但是有些时候，也许时光流逝并不那么令人难过，只要有人陪伴，就算是死亡都不那么令人恐惧，更何况只是逐渐老去。

只要你不是孤单的，有时候能和陪着自己的人一起渐渐老去，反而是一种幸福。

我知道过去的四年间，我的朋友孟轲一直在玩一个网络游戏，虽然我对这些并不了解。他是个很长情的人，小时候玩过的旧玩具都会整整齐齐地洗干净，收拢在固定的箱子里，玩游戏也是如此，从那个游戏还没在中国火起来时他就关注着，先是在“美服”玩，后来又转到“国服”。

转到“国服”的第二个月，他认识了后来的好友——生如夏花。一个男性角色，偏偏取了这么个柔软得让人误会的名字，让孟轲觉得很别扭。

“所以，他就是你的那个朋友？”我说。

“是啊，当时我还很讨厌他。”他回复道。

所以，孟轲总是想避免跟生如夏花交流，哪怕加了好友也从不主动说话。生如夏花碰了好几次壁，也就渐渐明白了，很少再联系孟轲。

但是，生如夏花和孟轲同属于一个公会，常常需要一起组队伍合作，孟轲还是不可避免地跟他接触了。

第一次团队合作语音聊天的时候，他发现对方的声音特别年轻。问过才知道，那孩子只有十七岁，还是在上高二的年纪。这让他有点愧疚于自己的幼稚，于是之后的日子里，他当着一个称职的大哥，带着生如夏花一起玩游戏。真正认识后才发现，生如夏花实在是一个比自己更单纯好骗的孩子，他比这个年纪的男生脾气更好，从不跟人生气，也因此常常被人欺负。

“经常有人欺负他，要不就是骗他给自己花钱，这孩子也乖乖照办，把我气得不行。”孟轲说。

后来有了孟轲替他出头，这种事情才少了。

“我只是想有些朋友。”生如夏花这样解释。原来他并不是不知道自己在吃亏，只是以为这样，就可以结交到朋友了。

“好在现在我已经有朋友了，是吧，星辰大哥。”他笑着说。

“看来，他在现实中应该很缺少朋友吧，所以才在网络上这么缺爱。”我说。

孟轲停了很久才回复我：“是啊。我太粗心了，可能那时候他就已经发病了，没有办法和同龄人玩耍，才只能寄托在网络上。”

孟轲平时并不沉迷于游戏，只是晚上才会玩一会儿，而每次生如夏花都在。他得知生如夏花有时一天都挂在游戏上，还以为他沉迷游戏，为此极其严肃地劝了他好多次，才改了他的习惯。

现在他才发现，也许对方只是无事可做，只能玩游戏而已。十七岁，不一定要在学校里，也可能在病床前。

时光过得很快，三年的时间，也许我们身边的人还是过去的那一群，但是游戏里的世界早就天翻地覆了。

星辰闪耀和生如夏花，从刚进游戏的菜鸟，也渐渐成了公会元老、初代大神，成为一出现就被追捧“抱大腿”的存在。他们身边的人来来去去，早就换了好几拨，一些熟悉的面孔渐渐消失了。

每次发现有人下线后，再也没有上游戏，生如夏花总会告诉孟轲，然后低落地问他：“星辰，你有一天也会不玩这个游戏吗？”

“肯定会的……”

“那我们还能一起玩游戏吗？”

“当然可以。”孟轲能感受到这个被他当弟弟的孩子心里的不舍，“我会一直陪你玩这个游戏的，等我们厌倦了，就一起去换新的游戏玩。”

“说不定咱俩可以一起玩一辈子的游戏，等变成老头也一块玩游戏。”说着，对面的人忍不住自己笑了。

孟轲想，傻孩子，哪有人一辈子都想玩游戏呢？不过，他们倒是可以做一辈子的好朋友。

他了解了生如夏花的很多事，知道他真名叫夏旭，住在一个四季温暖如春的城市，家里养了一条喜欢舔他脸的大狗……孟轲常常邀请夏旭来自己的大学玩，或者打算去夏旭那里看他。夏旭每次都很开心、很向往，临到最后关头却拒绝了。

他好像有不方便说的难处。孟轲想，然后就没有再提了。

“早知道他病了，我一定要去看他。”他这样告诉我。

“那你又是怎么知道他生病了呢？”

孟轲说，那是最近几个月的事情。他突然发现，夏旭的脾气变得特别焦躁，常常在公会里跟不认识的人吵架，因为一点小事就会爆发，还跟他莫名其妙地闹了好几次别扭。

“我开始不觉得什么，可是次数多了，还是会烦躁的。”孟轲说。

所以，每次夏旭发脾气，孟轲都不理他，等夏旭缓过来，自然会再找他玩。两个人就处于这样微妙、脆弱的平衡中。

可是公会里的其他人却很不开心，大家玩游戏只是为了高兴，不是为了来吵架。矛盾积蓄得太多，终于爆发了。

“那天他们在公会里吵得很凶，我刚好没有上线。等我上线，才知道夏旭退公会了。”孟轲告诉我。

本来说好一起玩游戏的人，一声不吭就走了，一连好几天都不上线，短信电话也不回，让孟轲又担心又生气。可夏旭却不再理他了，他只是写了一封长长的邮件给孟轲，告诉了他自己隐瞒的秘密。

“我才知道，他得了癌症。因为发现得早，医生认为治疗比较有希望，所以他早早就休学在家。这样的生活太寂寞，他就在网上玩游戏。”孟轲说。

而现在，夏旭的病情恶化了。他开始一次次化疗，每次化疗完身体都非常难受，头发大把脱落，常常恶心头痛。心情也因为一次次的治疗低落起来，导致他常常爆发，性情大变。

“所以，他说以后再也不跟我一起玩了。如果哪一天他好了，他会再联系我……我突然感觉特别难受。”孟轲好像哭了，“我是不是很不关心他，很对不起他？原来他说跟我玩一辈子的游戏，是真的抱着一辈子的心情啊……”

因为他的一辈子，可能只有那么短暂。能够和喜欢的朋友一起玩着喜欢的游戏，直到变成老头的那一天，大概寄托着这个男孩对生命和未来的最大渴望。

自从孟轲跟我说过夏旭的事情后，他就常常把这些事情告诉我。后来的某一天，他突然跟我说，要去夏旭的城市看他了。

“我记得原来给他寄过东西，那个地址我还留着。我要去看他啦，不管以后怎样，现在我是不肯接受这样的结果的。”他说。

一次迟来好久的面见活动，由孟轲单方面决定了。他坐了一天半的火车，终于来到了那个南方的城市。

照片上，那里的鲜花还开得很美丽，就像我们这里的夏天一样。

我突然明白了夏旭取名“生如夏花”的含义，如果他的生命注定像夏花一样短暂，他也不愿意一个人在病床上寂寞孤独地逝去，让这个名字只停留在几个人的生命中。他要像一个健康人一样，在更多人的生命里留下痕迹，要自己活过的每一天，都像夏花一样灿烂。

他做到了。虽然是虚拟的游戏世界，他也做到了大多数人做不到的事情，让别人高山仰止，不可企及。收获了孟轲的友情，应该是这段旅程最特殊的意外。

一场会面之后，孟轲跟我说："他的精神很好，距离下一次治疗还要很久，所以能够到处走走。我就让他带我去了那里的很多地方，去过游人密集的景点，也去过他长大的小街区。我就住在他家里，叔叔阿姨都非常和蔼，看得出来他们很爱他，所以也爱他的朋友。"

孟轲临走的时候，夏旭一直送他到站台边，站着看了很久。如果幸运的话，他们还有大把的愉快时光可以一起度过，不幸的话，这既是第一面，也是最后一面了。

再后来，听孟轲说，夏旭的病情稳定住了。医生说未来的几年还有很大的可能会复发，但是已经熬过了这道最危险的坎，就相当于成功了一半。也许他们真的可以像约定的一样，一起无忧无虑地玩着游戏，在约定好的时光里，一起变老。

你看，对于大多数普通人来说，变老是一件多么难以接受的事，可对于那些生命有限的人而言，可以跟自己的朋友、亲人一起度过美好的时光，一起变老，甚至是一件极其幸运的、令人渴盼的事。而只要有朋友，有人陪伴，就算是变老又如何，就算是死亡又如何，你的一切都可以从悲痛转换为幸福，从幸福中感受到幸运。

看时光流逝本不是一个令人悲伤的事，至少，我们还有大把时光，这就已经是值得感慨的幸福了。

让“老”成为你的资本，你将会更有优势

对很多人，尤其是女性而言，“老”这个字实在是令闻者心痛，见者扎心。她们不愿意看到别人说自己老了，哪怕是“成熟的风韵”，也只会被当作是美化过的“衰老”。

“‘老’多不好啊，让人一听就觉得烦。”我的朋友曾经这样抱怨过。她刚生下自己的第二个孩子，正感受到社会对“老女人”无所不在的恶意。从她的角度来看，自己现在就是名副其实的“半老徐娘”，别说在家庭生活中总是被琐事困扰，仿佛一败涂地，就算是在职场上，也总是尝到“老”带来的负面影响。

“自从我生完孩子回单位，所有人都在忽视我。是啊，又老又烦的家庭妇女，家里还有两个小拖油瓶，老板也不喜欢，同事也懒得献殷勤，真倒霉。”看着那些年轻的女孩总是能得到宽容和照顾，朋友就越发觉得“老”这个词显得格外刺眼。

但在我看来，这自然有别人的因素，朋友自己也多少是有些问

题的。她已经陷入了一个“怕老”的怪圈中，明明在我眼里她还是肤白貌美，非常努力，看起来不仅比同龄人更年轻，还有幸福的家庭、不错的工作，只是现阶段遇到一些瓶颈和麻烦而已。而麻烦总是时刻都在的，难道你够年轻，就不会遇到问题了吗？

所以，她只是陷入了自我厌弃的怪圈，反而没有发现事情的本质。事实上，只要把握得好，“老”也可以成为优势。

为什么？因为“老”就意味着经验丰富，就意味着懂得年轻人不懂的道理，拥有年轻人没有的资本。在医学领域，人们甚至会因为看起来“老”而让病人觉得靠谱，所以年纪越大的医生就越受人尊重。在其他专业领域也是如此，年纪大，反而会成为“经验丰富”的代名词，反而更容易令人信服和依靠。

所以，“老去”并不是你的问题，反而是你的资本。

我认识的一位女士在业界非常有名，她自身能力强，人脉广，最重要的是跟她合作共事过的伙伴、下属和上司，即便不夸她好也基本挑不出错来。

在职场打拼过的人都知道，雷厉风行、精明干练是容易做到的，但获得众口称赞却难如登天。没有人可以真正做到八面玲珑，我们总会因为大事小情跟某些人产生摩擦，所以没有谁会奢求别人都喜欢自己、夸赞自己。这位女士在绝大多数人那里都获得了好评，本身就是能力的一种表现。

所以在见到她之前，我一直认为这是一位精英式的完美人物，但真正见面、交谈过之后，却发现她跟自己想象得完全不同。

我对她的第一印象有些失望，跟想象中的风姿卓然不同，她看起来非常平凡、毫无攻击性，“温和”是唯一的标签。这样一个女人，像家庭里操持一切的母亲，像学校里兢兢业业的教师，像成功的男人背后的妻子，唯独不像一个职场上的女强人。她到底是怎样凭借着这样温和的形象，打拼出如此庞大的江山的呢？

她虽然同样有智慧、有气质，但却不是侃侃而谈的人，在交谈过程中更多的是别人讲、她听，偶尔提出一些建设性的意见。当她说话时，你会发现她提出的问题一针见血、表达的见解十分犀利，让人顿生敬意。但这样的风采又往往是一刹那的，很快她就又沉默下来，进入倾听的状态。

如果是一般人，有这样的见解胸怀，必然是言之有物的，而且有非常强烈的表达欲望，相信他们的听众也不会少。但她虽然有可说的内容，却很谨慎地开口。

相反，她更乐于倾听。当我与她交谈时，她会专注地看着我的眼睛，带着笑意微微点头，对我的想法予以回应。同时，她的身体也会微微向前倾斜，仿佛专心地沉浸在我们的谈话，或者说我单方面的讲述中。

这给我带来了极大的自信与支持，让我觉得更有倾诉欲望了。与此同时，我也不可避免地对这个倾听者产生了善意、感激和亲近感。在这个人人都急于表达自己的时候，有一个安静的倾听者是多么幸运而又令自己感到愉快的事。

我感到很好奇，私下曾经专门问过：“您的修养和谈话技巧实在是太高了，和您聊天总是感到非常舒服，您是怎么做到这一点的呢？”

她有些意外，甚至怔住了，然后笑着说：“在我年轻的时候可不是这样，我一直是人群当中最喜欢说话、最爱成为焦点的那一个。但是伴随着年岁渐长，我才发现，一个人的影响力不在于自己说了多少话，而在于自己说了什么，以及能否给别人说话的机会。也许我告诉你，你也做不到这一点，你需要亲身经历过之后才能体会到。”

原来年轻的时候，她跟每一个年轻人也没有什么不同，是时光教会她“倾听”的重要性，让她学会了转变自己的身份，反而拥有更加强悍的魅力与影响力。她就是我所遇到过的，一个越成熟就越有魅力的女人。

这样的人当然不是唯一的，事实上大多数成功人士，都有比年轻时好上百倍的气度与魅力，这就是为什么总是有人喜欢大叔或者熟女，却不爱年轻男女，究其原因，不过是爱上了那种只有时光才能淬炼出来的气质和头脑。这就是时光的馈赠，是老去的幸运之处。

只要你想，老去也可以成为一件让自己感到幸运的事，让我们从“老去”这件事中品味到独一无二的好滋味，从时光的流逝里寻找到独属于自己的优势，找准自己的位置，就不会再惧怕老去。

永不停下学习的步伐，死亡也不会让我们腐朽

总有人害怕死亡，因为害怕死亡，所以害怕老去。为什么呢？因为死亡往往意味着一切的终结，一个人只要活着，总有机会创造价值，也总有机会享受人生，总有机会去尝试不一样的道路，去迎接每一个日出与日落，但死去则意味着一切已经终结，你的人生画上了休止符，你的世界将归于荒芜。

所以，一切珍惜生命的人，一切享受活着的人，都畏惧死亡，并因为这一点而畏惧老去，毕竟老去的终点就是死亡的大门。然而就像那句古语所说的，人固有一死，或重于泰山，或轻于鸿毛，死亡对于每个人的意义而言都是一样的，对于社会，对他人而言却不同。如果你的一生无法创造价值，如果你始终庸碌，在回首往事时，发现自己什么都没能做到，什么都没能达成，那这样的死亡就是轻飘飘的，毫不值得惋惜。因为哪怕予他千万年的时光，他也一样都会浪费掉，这样虚度的日子又有什么价值和意义可言呢？

如果你未曾在时光当中不断前行，而是永远原地踏步，永远在迷茫当中战战兢兢，那么即便未曾死亡，也已经开始腐朽。但同样，如果你能够一直前行，向着一个目标去创造，去付出，去给予，即便是死亡，也不会让你的脚步停下，总有其他人会接过你的火炬，向着一个目标前行。这样的人虽死犹生，虽然他的肉体泯灭了，但他的精神永远活在这个世界上。

也许你会觉得这样的话题太大了，那我们就从个人的角度上去看，同样都是有限的时间，如果你能够利用起来，不断成长，每一天都迎来更好的自己，哪怕终有一日会死亡，至少此刻你是满足而幸运的，当你回首时，会觉得每一寸时光都得到了利用，没有浪费，也没有遗憾。但如果你将每一天都浪费掉了，用空虚的精神和不认真的态度去对待你的时光，不愿成长，也不愿前行，你的时间就比别人更加廉价，你在最终回首往事时会发现自己的人生没有什么价值，这难道不是最大的悲哀吗？

所以我们在感慨老去，感慨时光易逝时，应该意识到，挽留时间的最好的办法就是不断前行，追着时光去创造一个更好的自己。学习，永不停止地学习，用新鲜的思想来武装自己，用新鲜的态度去对待生活，你会发现自己的灵魂永远年轻，永远都不必顾及“老去”这个问题。

我大学时的教授，今年已经七十多岁了。上个月我去学校看望他，发现他还和多年以前一样，身体健康，笑声十分爽朗，最重要的是还工作在一线。在实验室里年龄上了五十岁的教授，都已经很少见到了，他们可能还在工作，但是很多时候都不会亲力亲为，只会成为把握大局的那一个。而我的教授是个特例，他很喜欢在实验室里与学生交流，与这些年轻人混在一起，他忙于工作，丝毫没有受到年龄的影响，他喜欢最新鲜的玩意儿，不管是哪个方面。

有些时候说起那些社会新闻，或者是现在最流行的东西，我甚至还没有教授说得头头是道。我常常感慨他的心态年轻，他却笑着说："可不是，我得努力追赶你们，不然就要被落下了。"

教授像个小孩一样，很在意自己是不是落伍了。他不愿意被年轻人抛下，所以永远在学习，永远对新鲜事物保持好奇心，他说这样能让他有非常良好的心态，也能始终保持思维的灵活。事实上的确如此，别看他已经七十多岁了，却一点都不固执，在工作当中很容易接受别人的提议，去尝试那些他人不想尝试或者轻易否认的问题，然后又常常得出令人惊喜的结果。所以虽然他年纪已高，却依然是一个高产的科学家，像一个青年学者一样，始终能拿出令人惊艳的成果来。

在大家眼里，岁月对他格外偏爱，在他身上留下的痕迹特别淡。当教授的同龄人饱受老年疾病的困扰，或与社会脱节，更甚者，已经逐渐离开人世时，他还像一个年轻人一样，用自己比同龄人更加健康和年轻的身体与一个永远不老的灵魂，投入到自己的工作和生活中，永远充满激情。

而做到这一点的秘诀，教授说道，是"学习"。这不是书本上的学习，而是在生活当中永不停步的学习和追求。他致力于保有健康的身体，这是一种学习；他乐于去接受那些最新鲜的事物，这是一种学习；他在自己的专业领域，不故步自封，这也是一种学习。因为不断地学习，他才能从身心上跟上年轻人的脚步，甚至走在前面，引导着他们。

学习是多么的重要，并非我们离开了课堂就不再学习了，事实上我们每时每刻都在接触着新鲜的东西，都在前行，都在学习。一个不断创造的人，必然是不断学习的，所以感慨时光都被浪费掉时，你一定停下了学习的脚步，所以才会被时间所超越。

永不停下学习的步伐，即便是死亡，也不可怕，即便是时光的流逝，也不会让我们腐朽，因为你始终保持着活力与精神。其实要做到这一点也很简单，就是不要懒惰，永远用年轻人的态度和年轻的心去看世界，去看生活，去看你自己。不要被年龄所限制，不要告诉自己“应该去做这个年龄段要做的事”，相信我，你的人生不会被年龄所禁锢，不会被时间所束缚，你完全可以去追求一切积极的、有价值的、有意义的事情，去尝试那些你不敢尝试的事。在尝试过之后，你会发现，那真是一件令人无比快乐的事情。

第7章

优雅，就是始终不忘诗和远方

诗和远方，代表了有品位的生活态度。不管是出身好坏，能力高低还是幸运与否，生活态度才是决定了你将身处何地的最根本因素。一个有着严谨生活态度的人，他的人生一定井井有条，全在计划之中；一个随心所欲、追求自由的人，他的生活也许未必多么安稳，但一定像风一样不被束缚……若你对待生活的态度里，始终存在着“诗和远方”的选项，便是少年不死，永远年轻，也会在生活中处处透露一丝优雅。

永远记得，鱼与熊掌不可兼得

对于生活在城市丛林中的大多数人而言，我们总有一个理想与现实之间的矛盾，那就是挣扎在残酷的现实之中，又仰望着内心的一片净土，仰望着诗和远方。

2016年的微博上，一张特殊的辞职信瞬间火爆，“世界那么大，我想去看看”一下成为街头巷尾人人口中津津乐道的经典名句，这句简单的话，为什么会有那么强悍的号召力和感染力呢？很简单，因为它戳中了现代人内心最痛也是最深藏的那一个点——虽然每个人都因为这样那样的事情被束缚着，走不出去，也不敢轻易去想，但每个人都对这个纷繁而美丽的世界充满了好奇心，都想要去自由地看一看远方。

世界那么大，我多想去看一看呀！可是当下的我们，却常常因为生活而陷入困境与麻烦当中，很难来一场说走就走的旅行。生活对于每个人而言都是那么艰难，尤其是对刚刚步入社会的年轻人来说。他们还没能接受生活的苦痛，还没有任性的权利，但他们往往又是内心最怀有梦想的一群人，又是对远方最渴望的一群人。

这一场诗与远方，还有当下之间的拉锯战，让无数人内心摇摆，矛盾不已。然而还在孩提时期，我们就已经学过了这样一个道理，任何事情都不可能完美解决，鱼与熊掌是不可兼得的。想要诗和远方，也就必然要放弃当下的一些东西，而这些东西可能会影响到你未来的生活，让你难以割舍，如何做这样的选择，对每个人而言都是一个巨大的问题。

与我而言，我能提出的建议就是，跟随本心。没有必要给自己强加那么多的负担，也没有必要告诉自己一定要做什么，或者一定要成为什么人，所以可以选择的范围其实很广，只要你狠得下心，明白自己获得了什么，又要放弃什么，并且在这个获得与放弃的天平上，寻找到自己真正倾向的那一方就够了。

人生有多少能够随心所愿的时候呢？当你还年轻的时候，做出这样的决定至少会简单一些，容易一些，那就不要浪费青春，不要浪费时间，遵从你的心去做事，毕竟人生短暂，谁也不愿意虚度。

其实对大多数人而言，在鱼与熊掌的这个选择当中，他们是要放弃内心那个遥不可及的远方，而顾及当下的。做出这个决定并不遗憾，因为在他们内心的天平里，显然是当下的生活更值得珍惜，那既然如此，就不要顾念那个内心的远方，专注于当下就好。最悲哀的莫过于在选择之后，还对抛弃的选项念念不忘，选择留在当下，却又时刻去向往那一个远方，这无疑是对自己的一种折磨了。

当然也有些人就是不顾一切地想去内心的理想之乡，那我们也不应该用社会的价值观去束缚他，去阻拦他，否则他们必然会经历更大的苦痛。我的朋友小平就是这样。大学毕业之后，他听从亲戚们的劝导，在自己所在的城市里成了一名普通的公务员。在我的家乡成为一名公务员，是比成为家财万贯的商人、万众瞩目的明星更令父母满意的工作，体面、轻松、有保障，所以大多数人对于小平都是羡慕的，但小平自己却不认同。

他的内心一直有对外面世界的向往。虽然是男孩子，但是从小到大，他一直都在自己所在的城市当中读书，毕业之后留在本地工作，对他而言，一直是一个不可不说的遗憾。他想去外面看看，想去过真正独立的人生，想完成一些过去不敢做的事情。但对于一个小城市中的普通人而言，这样的选择太少了，也太难了。

因为身边人的不赞同，他一直都没有突破樊笼，去追寻内心渴望的勇气，这让他更加矛盾痛苦。直到有一天，他接到了多年不见的好友从远方打来的一通电话，发现曾经也平凡普通的他，现在已经在异乡，通过打拼成为一个小有名气的幕后制作人。朋友实现了自己的理想，过着也许不那么稳定，但所有人看来都丰富多彩的生活。这一下子刺激到了小平，他想，难道我的人生就这样要在日复一日的重复当中度过，过这样一眼就能看到头的日子吗？

小平的天平终于不再摇摆不定。他毅然选择了辞职，在三十多岁的时候，重新学起了英语，申请出国念书。他学的正是多年前父母极力阻止他学的文学，那是他内心一直最为喜爱的东西。最终经过一年半的努力，他成功申请到一所国外院校的文学系。这一度震惊了身边的朋友。

原来为了理想，一个人也可以迸发出这样的激情和潜力，去做出那些别人以为他绝对不可能做到的事情。现在小平正在国外，继续着他的学习，课余时间，他常常给报纸或杂志投稿，丰厚的稿酬让他也过得如鱼得水，十分滋润，更重要的是他享受现在的忙碌，喜欢自己所选择的一切。虽然苦一些，累一些，但是于他而言，再没有比现在的生活更舒适的了。

做一个正确的选择其实并不难，难的是你有没有勇气去做这个选择。鱼与熊掌永远是不可兼得的，有些时候要安稳，你就无法自由、要轻松，就无法成功。所以我们应该如同我的朋友一样，在人生选择的天平上，做出更加谨慎的判断，然后跟从自己的心去选择，选一条自己更想走的路。

只有走你自己真正想走的路，你才能够甘之如饴，一往无前，只有做你自己认为最正确的选择，你才能够全力以赴，并且激发出自己所有的潜力。选择，就是一个让人如此苦恼而又甜蜜的事，当你需要选择的时候，也请不要忘记自己的心，不要总随着别人而摇摆，而是要追随你真正的感受。

做一个成功者，要有海一样宽广的胸怀

即便是圣人也不可避免地会犯错，更何况普通人乎？不管是我们自己还是身边的人，都可能因为各种原因与他人产生冲突或犯下错误，这时候，做一个拥有宽容之心、愿意包容别人的人，会比做一个咄咄逼人、狭隘且小心眼的人更加有面子。

这话说起来容易，做起来却难，对大多数人而言，“包容”也是分对象的。也许包容自己的亲朋好友是很容易的事情，包容自己的上司也是因势而为，但是要对陌生人、对自己的下属甚至对自己的竞争对手和敌人有一颗包容之心，这就很难了。尤其是面对自己的对手或是曾经有过节的人时，不没事找事就已经算好的了，还怎么能要求我们在对手犯了错甚至损害了自身利益的时候大方地宽恕对方呢？然而，这时候如果能表现出宽容、“大人不记小人过”的态度，你收获的将远比“痛打落水狗”更多。

我曾经遇到过两个后辈，A君和B君。他们都是刚毕业没多久的大学生，两人还是同班同学，在同一家公司实习。虽然公司最终只会根据他们的表现留下一人，竞争环境非常激烈，但是两人的关系依旧不错。

而就在此时，B君因为早就认识公司的秘书，提前得到了一个消息——公司不久会安排选拔考试，从实习生中选择一个去总公司培训学习。

过去B君总是会将自己得到的小道消息告诉A君，这次他心里却有自己的小想法——这场考试将决定他们谁会留下，所以B君要全力以赴，不能出任何差错。

本来，他想跟A君公平竞争，将这个消息透露给A君，但是转念一想，A君能力本来就比自己强，如果对方不知道的话，自己准备得更加充分，也许更有机会。

在这样的念头驱使下，B君鬼使神差地隐瞒了这个消息。不出意料，最后果然是B君被选中了。而A君早就发现B君在偷偷摸摸地学习，怎么还会不明白他早得到了消息呢？两人的关系一下子尴尬起来。

经过此事，B君以为自己已经稳稳地迈入了这家公司，谁知道实习快结束的时候，上司给他们安排了一个合作项目，让两人共同完成。就是在这项最后的考察中，B君意外地犯了一个错误，差点导致项目失败。

这下B君心里忐忑极了，他觉得A君本来就跟自己疏远了，这次的项目又明显是自己的错误，他最后还不得跟上司好好告一状啊？而他第一次做项目就出了问题，还不如未经培训的A君，肯定会被放弃的。

结果，在做报告的时候，A君虽然没有隐瞒这次错误，却并没有将所有的责任都推到B君身上，甚至还主动帮他承担了不少，这让B君大跌眼镜。A君私下对他说："虽然这个错误是你犯下的，但是项目却是咱俩合作的，怎么看我也有一定的责任，不能让你自己背。”

A君并没有斤斤计较之前的事情，反而包容了B君的错误并且主动分担，他的行为让B君一下子感动了，B君也坦承了自己之前的“小手段”，并真诚地道了歉。不仅如此，A君这种勇于负责、不推卸责任且宽容大度的行为也被上司看在了眼里，这比其他的能力更重要，所以最终两人都被破格录取了。

如果A君心胸狭隘的话，一定早就记恨了B君，趁此机会向上司告状实在是再好不过的报复方法了，更何况的确是B君的错误。但是这样一来，虽然A君满足了自己的报复欲，也可能能将B君打压下去，却不是什么值得赞同的事情。

因为上司会看到他在问题面前将所有的责任都抛给了合作者，即便知道两人之前的龃龉也可能会认为他不够顾全大局、有些小心眼，而A君也会跟B君彻底地决裂，从此失去一个朋友。如果B君再被激怒了，更可能会接着找机会报复A君，原本对A君的愧疚之心也会转为愤恨，这样就得不偿失了。

最终，A君并没有如此做，而是大度地与B君共同承担，并没有计较之前的事情，这样的行为立刻收获了别人的肯定，在上司和同伴面前都得到了好评，甚至还激起了B君的愧疚心理，跟B君建立了更加深厚的友情。由此可见，包容别人比咄咄逼人更值得我们学习。

同样，我们也应该知道，A君的包容是有条件的包容。一个人，不可能无条件地包容任何人、任何事。在原则性问题前面，我们还要让步吗？不，A君之所以愿意包容B君的失误，既因为他们是合作者，也因为他们之前的不愉快无伤大雅。如果有人的错误伤害到了你，更伤害到了你的原则，就不必一味包容了。

当然，在绝对的优势下，包容意味着我们要有更强大的自制力和宽广的胸怀，这并不是非常容易的事情。

如果你处于被领导的地位，包容你的领导者几乎是一件必然的事情，即便他们犯下了错误或者损害了你的利益，大部分人也只是温和地提出意见甚至是“敢怒而不敢言”，然后转而安慰自己这是能屈能伸，真正去揪着上司的错处不放的反而是少数——因为那些人大概都回家吃自己的了。

但是，当你成为上司时，你有了更多的机会表达自己的喜恶和意愿，而你的下属又很难反抗你，这就成了绝对的优势。在这种情况下，时刻抱有一颗包容的心是很难的，但是如果能带有包容之心，你将会真正收获下属的尊重和信任。

我的一位朋友王经理就是如此。作为一名销售部的经理，他有大量的机会接触客户，工作与整个公司的收入息息相关，每个月要完成数额巨大的任务，他的压力可想而知。

所以，王经理对自己的下属、销售团队要求非常高。只要完不成任务、遭到了客户投诉，都可能被他叫到办公室狠狠批评一顿。轻则当众教育，重则卷铺盖回家，这让一整个部门的人对他又爱又恨。

对比公司其他部门人员，他们更觉得自己倒霉。为何别人没有摊上这样一个冷面经理？这样的疑问，几乎在每个销售新人的肚子里都转过几个来回。不过，大多数人都选择了“忍”，让它在时间和经验中慢慢发酵，最终大多数人都会理解王经理的这种行为，即便不会理解，他们也懂得职场上的规则，很少真正“发牢骚”，只有一个新人小李没有忍住。

小李是个进入职场不久的菜鸟，根本不懂职场上不背后说人短长的规则，非常反感王经理的重压，并将其说给了周围的人听。他说的时候，虽然经理不在，但办公室大多数人都听到了小李的抱怨。

职场上没有秘密，你以为只是自己私下说的一些话，没想到却很快传得尽人皆知，更何况小李还是当着诸多人的面说的呢？没有两天，小李的事情就让王经理知道了。

一个跟小李关系亲近的前辈悄悄告诉他：“听说王经理当时脸色不太好，你可得小心点了。”

小李担心极了，生怕王经理给自己穿小鞋，就算不为难自己，还不得找机会将自己开除了呀？这让他又怕又紧张，连着好几天都做错事，给大家添了不少麻烦。

王经理这才将小李叫到办公室，在他“这一天终于来了”般的注视中，王经理先是忍不住笑了：“你是不是清楚，自己说我坏话的事让我知道了？我说呢，你最近怎么表现得这么差，原来是吓的！”

小李一听就愣住了，经理好像没有很生气。

“你不用想这么多，我呀，没打算给你穿小鞋，也没准备怎么着你！一开始我也挺生气的，可是想想，你才多大呀，这职场上的事你还不懂呢，我也就不计较了。”王经理笑着摆了摆手，说，“不过我不计较，你不能不计较，你得拼命表现，做到最好让我看看，不然你可没资格说我不行。”

王经理解释了，小李才知道，本来王经理不准备跟他摊开了说的，只想假装不知道。没想到小李不仅了解了内情，还吓得工作都做不好了，这才把他叫进来谈了话。

小李听了则感到格外羞愧，发现自己是以小人之心度君子之腹了，反而对王经理产生了钦佩、亲近的感情。后来，他在王经理手下踏实工作，很快就成了小领导，总是能创造不错的业绩，可以说，王经理没有赶走小李，是给公司留下了一个人才。

王经理本来可以随心所欲地惩罚小李，更何况小李本来就冒犯了自己，但是他却非常自制，没有任何报复行为，给一个下属留足了面子，也给所有人留下了好印象。这看似是王经理非常没面子，被小李在背后说了坏话还不惩罚他，在不少人眼中肯定很好欺负，其实却不然。因为王经理平时严格，借此却又透露了自己宽容的一面，不仅没有让员工怠慢他，反而因此获得了信任。如此看来，王经理这招堪称“以退为进”，用宽容收获了太多太多。

所以，包容别人看似很难，但修炼一颗包容别人的心，能提高我们的精神境界，让自己变得更加愉快，也能收获别人的善意，实在是有益而无害。

生活需要一点仪式感

并非每个人的生活都是始终丰富多彩的，即使是游戏玩家，也必然会有感觉到疲惫乏味的时刻，这是生活的本质，是任何人都无法避免的。

对于我们这些普通的芸芸众生，也许你会更加直观地感受到生活带来的倦怠感。当你步入职场以后，常常要日复一日地重复着差不多的工作，回家之后，便要面临柴米油盐酱醋茶这样的乏味问题，这往往会让人丧失生活的激情。这也就是为什么总有许多人在进入婚姻之后，常常会感到倦怠，甚至会陷入七年之痒的原因了，归根结底是我们渴求新鲜感的心与贫乏的生活之间产生了难以解决的矛盾。

其实让生活变得丰富多彩一点，让自己更有生活的激情并不难，只要一点仪式感，你就可以做到。一些人总是很难管理好自己的生活，他们总是羡慕别人，永远都有满满的活力，永远都能够以最好的态度去面对生活中的所有事，就是因为他们缺乏一定的仪式感，所以他们对自己的生活缺乏重视，常常感到提不起精神来。

这时就需要一点仪式感，才能让你的生活变得更加丰富多彩，才能刺激你那颗觉得生活乏味的心，让它重新跳动起来。

在这之前，也许你需要了解一下什么才叫仪式感。

喝茶是一件很有仪式感的事，在东亚茶文化的影响，让我们十分重视喝茶这件事，一个专门的喝茶场所往往充满古风古韵，两个人相对而坐，桌上琳琅满目，全是独特的茶具，以特殊的手法去泡茶，在悠扬的音乐当中，品味茶香，品味茶味，你会发现原本简单的“喝茶”行为立刻变得具有仪式感起来。它让你觉得自己必须专心对待这件事，必须将这件事做好，才配得上这样好的气氛。所以在专门的茶馆里面喝茶，你往往会觉得茶更香，往往会觉得自己的精神得到了更深的抚慰。

在古时候，读书也是一件很有仪式感的事，对待自己喜欢的书，在读之前，往往需要焚香净手，经过了这一番仪式之后，再展开书页，你仿佛都能够闻到一股独特的香气，立刻就能够体会到知识的可贵，也就更能专心致志于读书这件事中了。

所以你的生活也需要一点仪式感，才能让你更好地沉浸于生活当中，以新的态度和眼光去看待那些平凡的事情，让自己过得更认真。

我们公司有一个非常特别的女职员，她叫小兰。因为职位不高，所以她不能拥有自己独立的办公室，而是和其他人共用一间。但是即便是同一规格的办公桌和工作用品，你也会发现小兰的座位是与众不同的。她的东西永远都摆放整齐，书籍和资料，规规矩矩地用夹子分门别类地做好标记，摆放在各自的位置上。哪怕是最忙碌的时候，别人的桌子早已乱七八糟，根本没有人有心情去收拾和打理，小兰也会抽出一点时间，将自己的区域打扫得整整齐齐。当你坐在她的椅子上时会发现，好像这一片的空气都比别的地方更清新，阳光也更耀眼一些。

有一次，我无意间坐在小兰的椅子上，突然感觉她将自己的一亩三分地收拾得如此整洁，实在是别有奇效，就连我都莫名其妙地升起了一种心情舒畅的感觉，更愿意去工作了，而且对于工作充满了动力与期待。于是我问小兰："你做任何事情都是这么认真，这么精致的吗？"

"并不是精致，我只是想让我的生活更有仪式感一些。"小兰有点无奈地说，"毕竟人生已经这么艰难了，既然没有人为我们创造惊喜，我们就应该自己为自己创造惊喜，不是吗？"

小兰很重视这样的仪式感，在我的细问之下，我才发现她在生活中一直都是这样一个"精致"的人。每天下班回家的时候，她都会在地铁口的小花店里买上一束鲜花，价格不必多贵，品种不必多稀有，但是摆放在自己家餐桌的花瓶上，立刻就让人觉得生活充满了温馨和生机。

而每天上班之后开启工作之前，她总会为自己沏上一杯咖啡，犒劳自己。时间久了，咖啡的香气仿佛成了唤醒她工作神经的闹钟，只要喝上一口咖啡，她就能立刻打起精神来，快速地投入到工作中去。因为"喝咖啡"这个仪式，已经深深地刻印在她的脑海中了。

小兰的话让我有些恍然大悟之感。偶尔我也会这样，比如说结束了一个繁重的项目时，我就会选择美美地泡一个热水澡，贴上一片面膜，享受一个美好的下午。而这样的下午，总让我觉得身心舒畅，大概就是因为我所做的这些事充满了仪式感，让我明确感受到"我在放松"。

而在生活中拥有一些这样仪式感的美好小事，往往能立刻改变我们的情绪，让我们变得积极起来。从小兰那里，我得到了一些启发，于是从那往后每次的周会，我都会选择一家阳光充足、充满气氛的咖啡馆，在安静的二楼上，品尝咖啡与甜点，再与我的下属们讨论下一周的工作话题。离开了冷冰冰、容易让人紧张疲倦的会议室，在这样充满人情味和有着美好气息的地方，大家紧张的心情一下子就放松下来了，变得不那么拘谨，思维也更加活跃。所以这样的周会反而成了一种享受，我们讨论的工作还是一样的，但大家显然更加愉悦，更加期待。

也许就是一些微不足道的小事，改变了我们的心情，让我们用一种新的眼光去看待生活，看待工作了吧！

你看，仪式感就是这样，潜移默化而又影响深远，也许只是一些微不足道的小事，一个小的习惯，就能对我们产生如此深刻的影响。不仅仅是工作，我们的生活也需要一些仪式感，就像两个人的爱情，需要时不时地用鲜花与小礼物来烘托气氛，这就是爱的仪式，会让你更加直观而深刻地感受到这份感情。人类是如此敏感的动物，一个小小的情绪波动可以产生截然不同的影响，让我们加倍重视仪式感的价值。也许你的生活不是枯燥的，也不是乏味的，只是缺乏了一点仪式感，去唤醒你的情绪而已。

生活态度决定你身处何地

一个人的未来到底会被什么因素所影响，又被什么所决定呢？

关于这个问题，很难有人能得到一个确切的答案。有些人因为出身而比别人更加幸运，未来的路也比别人更加顺遂；有些人因为能力出众，所以可以获得他人的赏识，迈上更高的阶层；有些人甚至未必有多么强大的能力或者背景，但他们就是如此幸运，哪怕依靠买彩票都可以迅速致富……这种种因素都可能影响一个人的未来，所以我们很难去说到底是什么决定了一个人的未来。

如果要我说，一个人的未来最容易受到的影响，源于自己的生活态度。不管出身好坏，能力高低还是幸运与否，生活态度才是决定了你将身处何地的最根本因素，一个人如果有积极的生活态度，即便他出身不够好，能力没有那么强悍，运气也只是普通而已，他也一定可以获得让自己满足的生活。

生活态度有时候就是这么的神奇，如果你永远以颓废的态度去面对生活，时刻处于放弃自己的边缘，那么你不仅不能感受到生活所给予你的温暖与快乐，也无法真正享受到生活。这样的人，就算拥有普通人所渴盼的一切资源，也不过是一个可怜人罢了。

一个有着严谨生活态度的人，他的人生一定井井有条，全在计划之中；一个随心所欲、追求自由的人，他的生活也许未必多么安稳，但一定像风一样不被束缚；一个具备责任感的人，他绝对是生活当中最值得依靠和信任的对象；一个总是爱笑的人，和他做朋友一定非常快乐……生活态度决定了你的生活，也决定了你对身边人的影响，最终决定了你在这个群体当中处于怎样的地位，拥有怎样的身份。有些时候我想，也许它才是那个伴随我们一生，影响我们最深的因素吧！

用最好的态度去面对生活，用最独特的态度去面对生活，是我能给大家的最好的祝福。

前阵子，我的侄女儿突然特别奋进，无论是学习还是工作，都很有动力的样子。前几天有机会和小姑娘聊天，才知道她新有了一个“偶像”，是她高中时期的班长，实现了自己的梦想。小姑娘这是被班长的励志故事激励，特别兴奋地讲给我听，话语中全是对班长的崇拜。

我们就叫她的班长小K吧。用侄女儿的话说，班长从高中起就是人生赢家：身材高挑、样貌清秀、家境优越，学习自然也是不用说了。小K同学完全没有被自己的附加属性耽误，依然认真学习，特别刻苦。她的朋友们都知道，小K的梦想是学习传媒专业。

高考时K同学发挥失常，去了一个普普通通的大学。

再一次听到小K同学的消息，就是前几天，她被国内某家知名影视公司录用了。看到小K同学的状态，同学们都很吃惊，娱乐圈、影视行业对这些孩子来说是特别遥远的存在，班长是怎么做到的？这也太厉害了吧！

侄女儿与小K同学交往不深，两人倒是有一个共同的朋友，看到这样的消息，侄女赶紧跑去问了这个朋友，想要取取经，从此也走上人生赢家的道路。

小K的朋友说，她上大学那会儿，迷上了这家影视公司出品的电视剧，大部分“迷妹”的套路，都是喜欢剧中的演员，他们的班长大人却是迷上了电视剧的导演。这个导演有多部口碑、质量俱佳的影视作品，因其团队的专业、精良著称。小K于是有了加入导演团队的目标。

为了这个目标，小K同学列出了一份计划清单：想要加入导演的团队，就要有公司的支持；为了能进入导演所在的公司，需要漂亮的履历、出众的能力和丰富的经历。想要丰富的经历，需要有更高的平台给予机会；想要更高的平台，需要通过考研提升自己；想要出众的能力，需要从现在就开始锻炼。于是她参加学校里的各种活动，只要与专业有关，只要能学到东西，她都会坚持。大三开始她定下了考研计划。大学毕业后，小K如愿进入香港的大学深造。研究生期间借由大学的平台，她参加了许多与影视、传媒有关的比赛、展会和青年计划——所有能对她进公司有帮助的项目，她都列入计划，认真执行。

从定下目标的那一天开始，她所做的一切事情，都是为了实现自己的梦想。有目标很容易，有计划并坚持执行很难。最终，她的热爱，她坚持了这么多年的计划，终于将她送到了梦想面前。

没有计划的人生是盲目的，就像闭着眼走在不知终点的小路上，容易跑偏，还挺危险。而这样一个有计划的人，最终通过自己对生活的规划和坚持，实现了多年以来的梦想。

实现梦想的话题总是能让人感慨万千，但是很少有人去探究，为什么别人就可以实现，那在众人眼中遥不可及的梦想，而自己不行。很简单，因为每个人对生活的态度是不一样的。实现梦想的小K，因为生活态度非常严谨，有理想也有计划，有想法也有执行力，所以才能一步步做到自己想做的事。是她独特的生活态度，决定了她现在所处的位置，让她一定能实现梦想。

是生活态度决定了一切。

我相信，拥有这样积极而自律的态度的人，就算梦想改变了，也一样可以达成，区别只在于早晚而已。出身可以通过后天的努力来弥补，幸运与否更只是一时的而已，而能力总能通过训练来培养，只有生活态度，是必须始终积极、始终如一的。如果你的生活态度不够好，那么抱歉，也许这就是你一直不够成功的原因了。别忘了认真对待生活，你不够认真，怎能期待它认真对待你呢？

别忘了常常问自己，你有满足感吗？

满足感，是一个常常为人所忽略，却十分重要的感受。对于挣扎在生活线上的人来说，我们经常无力去顾及自己是否有满足感，毕竟需要我们耗费精神的烦杂事，实在是太多太多了，满足感这东西既不能够让人饱腹，也不能给我们带来钱财，所以我们已经无力再去顾及它。

然而满足感却是我们最需要也是最不可或缺的一种感受。成功会让你有满足感，做自己喜欢的事情也会让你有满足感，当你产生满足感时，内心会有一种无以言喻的快乐，你会发现你所从事的工作是让你感到幸福的，你会用更加积极的态度和十二万分的投入去做这件事，不就是因为你有满足感吗？

就像在寒冷的冬夜里，如果你能有一杯热咖啡捧在手中，在氤氲的咖啡香气当中感受温暖，你就会有满足感。这种满足感是雪中送炭，是锦上添花，是永远能让人感到快乐的。所以我们不应该忽略满足感，在做任何事的时候，都应该问一问自己，你有满足感吗？

很多人都做着没有满足感的工作，或者在生活中无法得到令自己满足的需求。这种对满足感的缺乏，只会让人越来越沮丧，越来越没有动力。你会发现你的工作越来越乏味，你不能从工作当中感受到自己的价值，也不能因为工作的成功而感受到快乐；你会发现生活越来越枯燥，身边的人似乎总是不能懂你，你很难从日常的娱乐当中获得满足。

当你照顾不到自己的满足感时，空虚是最大的感受。因为空虚也会衍生出种种负面的情绪，让自己感到痛苦难当。

可怕的是，我们因为缺乏满足感而产生的种种烦躁，自己往往是找不到原因的。所以我们只会陷入这个旋涡当中，继续厌弃倦怠，无法自拔。

此时你就应该意识到自己现在并不满足，不满足于现状，也不满足于这个现状可见的未来。这时候就是你需要改变的时候了。

林经理一直都觉得，自己在职场上绝对算是一个风风火火、不拖泥带水的果断人，甚至在重要决定前的犹豫时间都不会超过半小时，拖延症这样的问题更是不会出现在他身上。但是现在他却开始怀疑自己的认知了——为什么最近他开始越来越多地拖延工作了呢？

这样的问题似乎最早出现在他刚成为片区经理的时候，这是一次他期待已久的升迁。在升职之前，林经理无数次地告诉自己，要以更加积极的态度和高效的工作方式去处理问题，要让自己的能力在这个职位上得到进一步的提升。然而，真正接触到了片区经理的工作，他却发现其中的压力实在是不足为外人道。长期巨大的工作压力和繁重的工作任务一下子压在林经理身上，让他很快感受到了不适应，过去总是能积极面对工作的心态也被负面情绪所改变，结果不到一个月，林经理就对自己手中的工作产生了厌烦情绪。

因为厌烦和排斥，让他在工作时总是提不起精神来，一想到要完成手头的任务就头疼，所以只好一拖再拖，这样持续了将近两个月，他突然发现——自己好像已经习惯拖延了。

“难道我也被拖延症所困扰了吗？”林经理觉得事情似乎并非那么简单，因为在心理上的拖延与疲倦之余，他的身体好像也渐渐适应不了如此繁重的工作，开始常常感到疲乏劳累起来。

其实，这表面看是一种拖延症，其实是内心的满足感得不到解决，所导致的倦怠与拖延。

当我们长期处在职场重压的状态下，因为重复的工作和繁重的压力，很容易产生一种极端的排斥反应，这就是我们所说的职业倦怠感。这种倦怠感仿佛来自内心深处，不仅让我们的情感变得消极，而且会让我们面对工作的态度也越来越差，甚至直接体现在行为和身体上。当你开始从心到身地排斥工作时就会发现拖延症只不过是其中最简单的表现方式罢了。

长期的压力，让你很难享受到成果带来的乐趣，也很难从工作中获得满足，所以你会发现，自己越来越厌烦工作了。此时，最好的办法其实莫过于换一个环境。

林经理的选择亦是如此，他提交了一份调职申请，选择调到另一个领域去接触新的工作。一开始，他遇到的都是些麻烦事，但是对林经理而言，这反而给自己带来一种“挑战”的乐趣，而新岗位的压力则大大减轻了，让他能以更加轻松的态度去应对。这样一来，工作带来的满足感和正面意义果然大大高于负面影响，他很快就恢复了自己正确的工作态度。

满足感就是这样，可以影响一个人的生活态度，进而影响一个人的未来。人类是感性的动物，我们会因为一种虚无缥缈的感觉而改变自己的态度，也改变自己的习惯，所以满足感远远比你想象当中更加重要。

做一个能让自己满足的人，给自己打造一个可以让自己感到快乐的生活，比任何筚路蓝缕的成功都让人舒服、让人快乐。我们的一生不应该只为了物质生活而拼搏，更应该注意精神上的慰藉，满足感就是精神世界最重要的桥梁之一。

第8章

随缘便是自在，安心即是归处

听一位名人说过，当你迷茫无助的时候，就回出生的地方看看，也就是回故乡看看。诚然，看到最初的自己，就会戒掉不少烦躁。不过话说回来，不论你选择了“在路上”，还是选择“回故乡”，若是总是犹豫迷茫，就永远会因自己的选择而耿耿于怀。

所以，倒不如学会享受当下，享受此刻的人生，随缘自在，便处处都是归处了。你的选择应该是发自内心的，是果断坚定的，抛弃不必要的犹豫，任何选择都足以让你大步向前。

不要迷失自己，始终认真生活

对于每一个在外地打拼的人来说，故乡，永远是一个听到了就能让自己内心一痛，眼泪莫名流下的词。

尤其是当我们渐渐长大，远离故土，在异乡打拼时，总有一些孤立无援的时刻，总有一些在深夜中感到孤单的时刻，会让你我想起故乡山水，归家时看到的灯光，和那难以忘怀的某个亲人的笑脸。

这种孤独之中，回忆里的温暖，反而更容易戳痛柔软的内心，让人感到更加手足无措。所以很多人在外地拼搏多年之后，往往会放弃手中已经唾手可得的成就，放弃已经打拼到的财富与地位，选择回家，选择与亲人团聚。

更多的人则是在追求梦想和回到故乡的拉扯当中，逐渐迷失了。他们在追求梦想的道路上不够一往无前，总是想回望自己的家乡。他们既想要获得理想上的成功，想要实现自己多年以来的愿望，又想要享受平凡人的快乐，享受一家人团聚的亲情温暖。然而世事难两全，不是每一个人都有那么好的运气，可以在自己的家乡达成实现理想的愿望；大多数人都不得不背井离乡，在两个选择当中，抛弃一样，而选择另一样。

如果你足够坚定，那么不管哪一个选择都不足以让你感到难受和困惑。但如果你总是犹豫，既想要远方的理想，又想要故乡的情怀，可能最终的结果就是在不断撕扯当中，两方都不能兼顾，最终迷失其中，成为一个远离家乡的失败者。如果是后者，那实在是一种最大的悲哀。

所以如果你选择了在路上，选择了远离家乡，去追求自己的梦想，那么就别回头，勇往直前，去实现你的愿望；如果你选择留在故乡，享受亲情与温暖，就不要总是抱怨自己的选择，那样只会让你更加厌倦现在的生活。

归根结底还是一句话，只要选择了就不要回头，不要后悔，那样你的生活才更踏实。

我的表哥是个本事不大，但是心却很大的人。虽然这样说显得有些不留情面，但是事实的确如此。读书的时候，他不够认真努力，也缺乏一点勇气和上进心，因为自己的学校并不出名，所以外出拼搏意味着要付出更多的代价、付出更大的努力，一想到这可能遇到的困难，表哥就退缩了。

在他的朋友、同学选择去外地打拼的时候，他选择了回到家乡，在舅舅的帮助下谋得一份还不错的工作，然后娶妻，安家立业，成为一个普通但是工作稳定的青年。

可是表哥的心一直都蠢蠢欲动，向往着外面的世界。每当过年跟朋友聚会的时候，他总能听到在外地打拼的同学们或抱怨或炫耀的信息，从只言片语中去感受他们的生活。当看到有的朋友过得不错时，他难免会有些后悔：读书的时候我比他可聪明多了，要是我也出去打拼，现在怎么不得比他混得更好呀！

可是真要让他下定决心出去打拼吧，他又会想起其他人的抱怨，内心犹豫。毕竟，出去打拼就意味着要度过一段艰难的日子，而且这个日子还可能不短。他实在没有那么果断，放弃现在的安稳生活。

年纪越大，这种内心的不甘和不敢就越重，让表哥一边坚信自己“出去了一定能混好”，一边又死守着自己的一亩三分地，根本不敢出去闯荡。渐渐地，我们开始习惯他在酒桌上的吹嘘，吹嘘他自己如果有机会出去打拼，将有如何如何的成果，也习惯了他在酒醒之后继续回归自己的生活中。

有时候，我觉得表哥实在是太矛盾了，他的内心是否感到无奈呢？既不能走，又偏偏向往着走，既图家乡的安稳，又总是向往着大城市的繁华，实在是最令人迷茫的。其实，留在家乡未必意味着无法成功，哪怕是留在偏远的土地上，一样可以创造出成果，更何况我的家乡并非一个小城镇，还是有很大发展空间的。但是表哥这种“留下看不上，出去又不敢”的心态，让他总是抱有不合时宜的高傲，能力不够却看不上别人的拼搏，结果在家乡也很难做出什么成果。

我已经可以预计，未来他也会在这样的矛盾与撕扯当中度过自己的人生，然后因此而忽略了自己应该去抓住的机遇，错过最好的年华。这又能怪谁呢？

既然做出了选择，不管是在路上还是回家乡，只要你坚持下去，都不影响你走出属于自己的道路。最悲哀的莫过于做出选择却又不能坚持，害怕接受不好的结果，所以人虽然在此地，心却已经飞向了彼方。假如你在外打拼，心却在家里，那你就不能以孤注一掷的勇气去拼搏奋斗，反而很容易半途而废；假如你留在家乡却不能心甘情愿，那就会忽视眼前的机遇，反而永远无法成功。

做自己内心最想的选择，然后抛弃迷茫，才是你应该去做的事情。记住，别让自己在撕扯当中失去信仰，那将是人生最大的悲哀。

选择了离开，就别轻易回头

有些时候做出一个选择，就意味着要放弃一些东西，所以选择对人来说总是很难的，也是非常残酷的。

越纠结越犹豫的选择，必须果断，因为你可能只有此刻才有勇气做出这样的决定，一旦犹豫了，勇气就会在时间当中慢慢消散，最终又陷入难以决断的怪圈当中。

选择过后，就是要走一条一往无前的路，就是要走一条不回头的路，记得向着你心之所向的方向而去，千万不要回头。

离开家的时候，总有人告诉你，出去拼搏就是不能走回头路的，因为一旦回来你就走不了了。当你的亲人送别你时，必须果断地从这种温暖当中抽身离开，带着自己的行囊去奔赴一个不可见的未来，这需要一腔孤勇，更需要一股心气儿支撑着。一旦回头，一旦走回头路，你的情绪就可能瞬间崩溃，那种支撑着你的摇摇欲坠的勇气，可能会在这种温暖当中瞬间消散，你会发现自己再也走不出这样一条需要勇气支撑的路了。

所以越是艰难的抉择，只要做下了，就绝对不能后悔，只要迈出了这一步，就千万不能回头。

小菲是我经常关注的一个女孩。她和别的女孩子不一样，性子中少了一些柔软和犹豫不决，少了一些习惯于依赖他人的想法，过分独立、坚强甚至是坚硬了。刚到公司里时，她只是一个无从轻重的新人，没有什么人在意她有什么能力，所有的资源都需要靠她自己争取。在这种艰难的环境下，很多人都选择打了退堂鼓，但是小菲不同，她反而像一匹刚放入群体当中的幼狼，虽然还显得稚嫩，但已经亮出了她勇于拼搏的獠牙和利爪。那些别人觉得难做不讨好的事情，她总是争着做，因为只有这样的项目才能够交托给她们这样的新人。做成了几次之后，别人终于对这个姑娘刮目相看，对她的能力有了一定的认识，她才算在公司里站稳了脚跟。

小菲的性子里就有狼一样的孤勇，所以我一直很看好她，也相信她很快就能够在这个城市当中找到自己的一席之地。社会有的时候就是这样残酷，它不会因为你拥有一个比别人更善良而柔软的灵魂，就因此善待你，如果想要实现自己的理想，想要做成一些东西，你就必须用坚硬的铠甲来武装自己，成功之后，才有机会展现那样的善良和柔软。

在熟悉之后，小菲常常跟我畅谈理想中以后的日子，她告诉我，在未来的两年之内，她一定会尽全力升到经理的位置，然后将自己在家乡的父母也接过来，实现家人团聚的梦想。

她说："我忘不了，我决定离开家的时候，妈妈眼含泪水，却不敢挽留的样子，她知道我有自己的梦想，但她也希望自己的女儿过上安稳的生活，在自己能看得到的地方获得幸福。"

这种矛盾深深地体现在父母的身上，让小菲也觉得有些犹豫——自己这样的选择是否正确呢？是不是有些对不起父母呢？

在这样的拉扯之下，她浪费了足足几个月的时间去思考关于未来、关于人生的事情，但最终也没有得到一个令自己满意的结果。最后小菲下定了决心，在不考虑别人的情况下，由着自己的内心去选择，然后决定去远方打拼。

做出这个决定之后，她走了。在父母前来送别的车站前，小菲没有回头，而是看起来有些无情地转身立刻离开了。

"我没有回头，是因为我知道做出这个决定有多么艰难，如果我回头了，就会立刻心软，肯定会放弃所有的计划，回到父母的身边，那一切的努力不就白费了吗？所以我不能回头，而是靠着仅剩的一点勇气走出车站，走到这里。”小菲坚定地说。

对于小菲来说，这个选择从现在来看是绝对正确的，但她并不确定，如果再让她选择一次，她是否能真正地迈出这一步，因为这太难了。所以她没有回头是正确的，因为没有回头，所以面前的路就只有一条，她只能向着这个方向前进，然后走到今天，获得别人可能无法企及的成果。

要实现一个人的梦想有多难呢？答案是很难，我们要站在无数个选择的十字路口，面临无数次艰难的抉择。每次选择都意味着你不能完全地得到，而是也需要舍弃什么，在“舍”与“得”之间的选择，实在是令任何人都会感觉到为难的。所以一定要记得，越是为难就越要果断，做出了决定，就千万不要后悔，也千万不要等待。只有永远的果断，才能让你始终怀着赤子之心，迈出坚定的步伐，而不会被他人所困扰，也不会生活在犹豫与后悔当中。

小菲做出了自己的选择，然后没有回头，我也曾做出过自己的选择，同样也狠心地没有回头。我放弃了一些东西，也得到了更多，而在回首往事时，我发现这种放弃是值得的，因为在未来，我又重新得到了他们。但在当时，我可能并不能确定，我对未来不够了解，也没有足够的信心，所以才让这种选择显得那么艰难。但是幸亏我的选择足够及时，也足够果断，所以我走了一条令自己满意的路。

那么，你呢？

不管什么选择，你都需要行动

诗人艾青说过：“梦里走了许多路，醒来还是在床上。”还有人说过：“与其临渊羡鱼，不如退而结网。”现实生活中也常常有这样的情况发生。

周末到来，安排了满满的计划，周六早起整理屋子，出门买菜，给自己做一顿丰盛的午餐，下午去健身，晚上回来美美地看一场电影，结果计划从早起就结束了。

最近想要健身，为了选一家性价比最高的健身房，你收到了好多传单，计划选出最心仪的一家去报名，结果计划从选健身房开始就结束了。

想要创业，脑海中也有个不错的创意，于是你计划做市场调查、做可行性报告、撰写创业计划书，结果计划推翻又重来，最终也没能成事。

想法总是千千万，却从没有付诸实践的时候，成功在一次一次的空想、拖延中流失。我们小心谨慎，做什么事都要先详细规划、一遍一遍推演事情的所有可能，计划想出了很多，可就是不按计划执行。只会想不会做、只敢想不敢做，难以行动起来的理由有那么多，执行计划的理由其实只有一个：别管做什么，就现在，立刻行动！

之前，我常说选择了就不要放弃，就要一往无前地去做，没错，选择的确很重要。你的选择，决定了你将来要走怎样的路，决定了你今后大多数的时光将耗费在什么地方，所以，一个错误的选择无疑会影响你的一生，更需要慎重。但并非选择就是一切，选择其实只是开始，如果你选择了却不能去做，不能行动起来，那么这样的选择实在是毫无价值，也毫无意义。

老刘是个细心的人，说话办事都很周到，身边朋友也多。就是这工作，一直没什么大的建树，是个普普通通的上班族。其实早几年他曾有机会创业，却因为自己太过小心，白白浪费了商机。

那时候本市刚兴起一条商业街，正好老刘的朋友与开发商渊源颇深，可以在商业街里租一家店面做生意，价格实惠。老刘那时特别心动，就让朋友帮着牵线，打算开个小美食店。他考察了商业街的位置，看过了各种户型的店面，却迟迟拿不定主意。老刘想得实在是太多了，他想为自己餐厅做一个主题，一会儿想针对年轻女孩、一会儿又考虑做情侣主题。因为主题定不下来，为了配合主题规模的店面也定不下来。

其实他想的远不止这些，自己去创业，工作怎么办？如果创业失败还能不能有现在稳定的工作？商业街上其他人都是做什么的，会不会与我的思路“撞车”产生直接的竞争？开美食店，我的人手应该去哪里找，想找一个有手艺的师傅实在是太难了。

他想的总是很多，总是在不断地畅想当中面临各种各样的选择，所以他总是很难下定决心去行动。每次做出选择之后，他又会产生新的顾虑，最终决定再次改变自己的想法。其实，老刘的很多想法都是很有实践价值的，但是他却没有意识到，想的下一步应该去做，反而只想依靠空想“想”出可能的未来，“想”出解决麻烦的办法，实在是本末倒置了。

就这样老刘犹豫又犹豫，计划做出还要左思右想，企划书写了好几份，也没有下定决心行动起来。拖了几个月，最终不了了之。

直到现在，老刘每次经过商业街，看到一家家热闹红火的小店都会唉声叹气悔不当初，如果不是那时候缩手缩脚，瞻前顾后，现在挣钱的可就是自己了。

没有人能彻底拨开迷雾，看破未来，我们不知道以后会发生什么，为了能更有目的性地做事，我们才会选择，才会计划未来。对人生道路的选择，是给我们的开始一个信心，一个保障，一个方向，而不应该是阻碍我们行动的绊脚石。

要记得，选择很重要，但更重要的是选择之后的实施过程。一个梦想的实现，不可能只依靠选择，在这条追逐的道路上，如果只会选择却不会向前迈步，那么只能原地站着，看着别人成功而已。那时候，可千万不要感叹：“其实我当时有一样的想法。”不好意思，也许别人也有过这样的想法，但是想法并不值钱，只有将想法变现才是最关键的一步。

正因为我们缺乏关键的行动力，所以很多时候决断力显得那么可有可无。再果决而正确的判断又如何，你根本无法将这种判断实践出来，又怎么达成实现目标的愿望呢？这样的愿景，应该是那些具备行动力的人才能做到的。

所以，记得去做，“行动”可能比选择更重要，也更能影响你的人生。

选择了远方，就需要更多的努力

选择在路上，选择离开家，对很多人而言都是一种难以割舍但又必须做出的重要决定，也是一个残酷的、令人不能不放弃一些东西的决定。

因为代价太大，所以我们更应该珍惜当下才是。

容易获得的东西总是显得那么廉价，所以越是经历过抗争和为难，然后下狠心做出的决定，就越是令人珍惜、令人充满勇气和决断，这是每个人都会有的感受。选择远方并不容易，意味着我们要付出很多东西，所以我们就更经不起失去，也经不起虚度人生。当你选择了远方，选择了离开，就一定要付出更多努力，才能让选择时的痛苦变得更轻一些，才能让自己的付出变得值得。

如果选择了远方，在选择时放弃了很多，却又沉湎于生活的享受当中，只想感受远方的自由和快乐，感受那些能够获得的东西，却在困境和前行面前停住，那我们的“远方”就会变得毫无意义。它不能给你带来任何好处，反而让你的付出显得那么可笑，那么不值得。

就像很多人，选择背井离乡到海外求学，归国之后甚至连英语都说不清楚，这个过程中吃的苦、受的罪就成了一种笑话。家庭的巨额投资、父母忍受的别离之苦和思念，以及自己在国外孤立无援的几年当中忍受的苦难，不就是为了能够在这个新的环境当中学习到东西、成长为一个有用的人吗？可这一遭下来，却什么都没有学到，虚度了时光也浪费了金钱，还消耗了亲人的关爱，实在是得不偿失了。

所以，选择了远方，就一定要更加全力以赴。

我认识一个从大山中走出来的后辈，她叫敏敏。敏敏的母亲年轻时曾有过上学的机会，但是因为家里太穷而放弃了，所以敏敏妈妈一直很努力地种地、打工，就希望自己的女儿有机会出去看看，改变自己的人生。读大学的时候，敏敏妈妈不远千里将女儿送到了东部的这个城市，忍受着别离的苦痛，就希望她能在这个选择之后改变自己的人生，走一条不一样的路。

在大城市的车站边，看着身边打扮入时的“体面人”，敏敏突然意识到这个选择对自己来说意味着什么。

“我突然理解了我妈的执着。如果当年她能读书的话，也许现在就过着像我身边那个阿姨一样的生活，虽然也要为柴米油盐而焦虑忧愁，却不必这样拮据，连女儿上学的钱都拿不出来。所以我妈咬牙也要把我送出去，哪怕亲手把我送到千里之外的地方，然后一个人从我的视线里离开。”敏敏说。

她觉得，那一刻母亲坐车离开的时候，就像在暗示着什么，好像代表着母亲从那一刻起，渐渐地离开了她的人生。

“以后，我再也不能像过去一样陪在他们身边了。我会在陌生的城市里生活、工作、结婚生子，有自己的家庭。条件好的话也许可以把他们接来，但是，再也不是他们身边的那个小女儿了。”

这对一个母亲来说，是多么难以放手的决定啊！但她还是怀着决绝的心情，送走了自己的女儿。这个选择也许很难，但对敏敏和她的家人而言，却是最应该去做的。

“我回去后，哭了很长时间。因为我突然意识到，如果我不努力，未来可能就只有跟父母分离这一条路可走。”敏敏说。

她有了一个目标，要在学业完成后，尽快打拼出自己的事业，然后接父母来一起生活。她觉得外面的世界很好，但是不应该自己独享。

“怪不得大学的几年里，你一直都那么努力呢！”我说。

我就是那时候认识她的。她是同级生眼里的学霸，是学弟学妹心中的传说，是学长学姐口中推翻前浪的后浪。当然，一开始我并不知道这些，因为我们是因为共同做兼职而认识的。

“实在不能想象，你到底得把自己逼得多紧，才能保证学习、赚钱两不误。”我说。

她只是笑了笑，没有说话。

毕业时，她又一次见到了父母远去的背影。那时她已经找到了第一份工作，在家乡待了没几天，就要赶往将要奋斗的城市。临行的时候，父母都来送她，这一次，他们眼里的喜悦更重了。

没有了负债感的包袱，没有了当初敏敏考上大学时的且喜且忧，有的只是纯粹的快乐。那些当初劝他们不要让孩子上学去的亲戚，现在又真心地羡慕着，羡慕他们能有这么有出息的女儿。

没有当初的咬牙付出，怎么会有如今的收获呢？

敏敏看着父母给自己送别，心里除了忐忑之外，更多的是春风得意一般的踌躇满志。她好像已经看到了光明的未来，看到了和父母团聚的时刻。

但是真到了临行的时候，她又有些难过了。看着他们在月台边挥手、迟迟不肯离去的身影，在车渐渐开起来后，越来越小，几乎成了两个黑点。这黑点似的影子，就相互扶持着、笨拙缓慢地挪动着，渐渐走出了敏敏的视线。

“我觉得又一次离开他们了，好像离他们更远了。”敏敏跟我说。但是她也很坚定，自己的选择是正确的，而自己的选择背后，意味着大量的付出，也意味着自己没有不努力的路可走。

她必须努力，不只是为了自己。

谁都不愿意为了别人而活，但即便是为了自己，也应该在选择、付出之后更加努力，这是为了对得起你自己，对得起你在选择时的痛苦和决绝。就像敏敏一样，她用自己的行为证明这个选择是对的，所以当初付出的一切代价，都是值得的。

别让自己太拼，累了就回家充电

在职场上，我们就像是一个永不止息的陀螺一样，一直在工作，永远在奋斗。但是，即便是机器，也会因为长时间的运转而生锈，也一样需要定时保养，更何况是人。一个再拼命的人，也不能永远拼搏，也需要有休息的时候。

每当这时，我们必然会感觉到内心疲惫，就像是永动机突然失去了动力，只想躺下，然后享受一段时间的清净。如果你也有这样的时候，那就是你的身体和精神在告诉你——

该充电了。

该充电的时候，就要好好休息。一个在外打拼的人，如果感到了精神上的疲惫，感到身体上的难以负荷，就应该果断地选择休息。此时，选择回到故乡，度过一个轻松而温情的假期，可以说是非常好的“充电”方式。

很多人选择了在路上，选择了去远方拼搏，却永远将自己对故乡的感情埋在心里，就算是可以喘口气的休闲时光，也不敢回家。他们总有这样那样的顾虑：我实在是太忙了，这短暂的假期没法回家；我还没有打拼出个名堂来，回家不够丢人的；有时间我还想去上个课充实自己，就先不回家了……

哪怕他们的内心也对故乡有着这样那样的渴望，但他们就这样坚持着，一直不回去看看。一年、两年、五年……时间久了，故乡似乎就真的被抛在脑后了。

难道真要等到“儿童相见不相识，笑问客从何处来”的时候，你才能放下自己肩上的担子，选择回家去看看吗？如果真是如此，你是不是对“成功”和“人生”的认识有些太偏颇了。

人生不是永远的拼搏和向前，而是获得物质与精神的最高享受，让你从内而外得到满足，这才是最好的人生规划。永远奋斗并不是最好的方式，如果你内心关于感情的渴求得不到满足，只会让自己更疲乏、更劳累，反而得不偿失。当你为物质而拼搏、为理想而奋斗时，也别忘记满足自己内心的需求。想回家看看，那就回家看看吧！在你最疲惫的时候回故乡看看，让你心中牵挂的那片土地来治愈自己的精神，你会拥有更多的动力和精力去投入新的工作中。

林淼一直是我们周围相当有名的“拼命三郎”，自从他来到公司之后，除了年假，几乎很少休假，就连周末他也会选择去周围的补习班学习外语，争取掌握更多技能。所以，他的生活显得积极而又有点乏味，不是工作就是学习充电，永远沉浸在奋斗和向上当中。

好在，林淼实在是一个相当有精力的人，所以就算是一年365天每天都在工作，他也能时刻保持完美的精神状态，这种情况不知道被多少人所羡慕。

但是林淼却觉得，这是一个令自己苦恼的状态。

“刚开始我一直这么紧绷着，是因为我实在是没有休息的资本。没有资历，没有经验，也没有什么能力，想在这个竞争环境中站稳脚跟，实在是太难了啊！”林淼指着窗外说，“你知道我刚搬到这里时，每天都会看到有人拉着行李卷、铺盖走人吗？这些人，都是在这个城市中待不下去的失败者，而我随时可能加入其中。”

所以林淼不能去休息，也不敢去休息。时间久了，似乎也成了习惯，让他再也难以喘息或者停下来。

“除了过年，我已经三年没有回家了，有时候一个月都没有机会给家里打上一通电话。我爸前年就开始犯腰腿疼，可是我除了给他们寄钱，让老两口别苦着自己，其他什么办法都没有。我没时间回家看看啊！”

看到林淼这样抱怨，我突然感到很心酸，忍不住说：“那你为什么不请年假回去看看呢？或者周末的时候回去一下，坐飞机的话也不会很浪费时间，如果你想回家看看，为什么不去做呢？”

林淼怔住了，却苦笑着摇了摇头，说：“我都习惯了这种日子，竟然忘了还能这样。也是，现在和以前不一样了，我也有回家的自由了，也许我应该经常回去看看。”

之前，林淼总是抓紧一切时间充实自己，不停地工作，节假日甚至能用来给客户接送孩子，也很少回家。但是他似乎忘记了，自己也是有机会回家看看的，只不过被他用各种理由推掉了，让他越来越习惯这种不回家的日子。

林淼请了年假，回家了。正巧这阵子他也感觉自己力不从心，似乎有一种发自内心的疲惫感。这次回家，不仅仅是林淼回去看望父母、回故乡休息，更是他难得的一次放松，一次“充电”。

回来后，他突然申请了调职，要去小城市做主管。他告诉我，这次回家给他带来的影响很大，他突然想要找到自己在生活和工作当中的平衡点，而不是永远投身于工作中了。他想去的那个小城市，虽然发展前途没有总公司这边好，但却离自己家很近，这让他可以兼顾两边，享受事业和家庭的两全。

其实很多时候，当你感到疲惫时，完全不必一个人强撑着，该回家的时候就回家看看吧！你的父母、亲人还在家里等你，随时愿意为你营造一个温馨的港湾。倦鸟要归巢休息之后，才能以最好的精力去迎战风雨，一个人不是能永远拼命的机器，在合适的时候回家看看，你的精神与身体可以得到更好的抚慰，你也能从事业和生活当中找到更好的平衡。

“在路上”和“回故乡”，有些时候并不那么矛盾，只看你如何选择就是了。